NIMBUS-C

Die Elektrik - kein Buch mit sieben Siegeln

Knud Jørgensen und Sune Nielsen

Deutsche Bearbeitung und Übersetzung:
Wolfgang Hense

Kim Scholer, 1990

* Gibt es Haken oder anderes mysteriöses an diesem elektrischen System?

NIMBUS-C
Die Elektrik - kein Buch mit sieben Siegeln

Dieses Buch ist die deutsche Bearbeitung und Übersetzung der dänische Ausgabe **Nimbus-C - Alt om el**, Dänemark 2020.

Text und Illustrationen: Sune Nielsen, Knud Jørgensen und Wolfgang Hense
Mit »F&N« markierte Bilder und Illustrationen sind Kopien der Firma A/S Fisker & Nielsen, Dänemark.
Umschlag und Layout: Knud Jørgensen
Deutsche Bearbeitung und Übersetzung: Wolfgang Hense
Druck: BoD – Books on Demand GmbH, Norderstedt, Deutschland.

ISBN 978-87-4303-117-8

Einführung 4

Kapitel 1

Kabel / Leitungen 5
Sicherung 9
Schalter / Kontroller
- Lichtschalter 10
- Zündungsschalter 11
Ladekontrollleuchte 13
Hupenschalter 13
Bremslichtschalter 14

Kapitel 2

Beleuchtung
- Scheinwerfer Abblendlicht / Fernlicht 15
- Standlicht 16
- Tachometerbeleuchtung 19
- Rücklicht 19
- Begrenzungsleuchte 22
Hupe 23

Kapitel 3

Batterie 25
Lichtmaschine 29
Laderegler 42

Kapitel 4

Zündspule 45

Kapitel 5

Verteilerdose 48
Unterbrecherkontakt 50
Kondensator 53
Zündkabel 54
Zündkerzenstecker 55
Zündkerze 56

Anlage

Stromlaufpläne 57

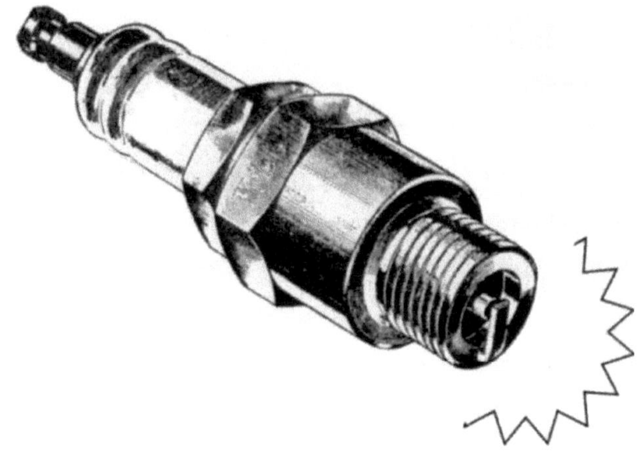

Einführung

Wartung der elektrischen Anlage

Leider gibt es einige Nimbus-Fahrer, die sich davor scheuen die elektrische Anlage unserer Nimbus zu warten oder zu überholen.

Das ist bedauerlich, denn die elektrische Anlage ist ebenso einfach aufgebaut wie der Rest des Motorrades und daher keinesfalls ein Buch mit sieben Siegeln. Dabei sind die notwendigen Arbeiten für ein zufriedenstellendes und sicheres Fahren sehr wichtig. Wir werden daher in fünf Kapiteln systematisch erklären, wie das elektrische System der Nimbus-C funktioniert. Schritt für Schritt beschreiben wir, wie man sich bei Fehlfunktionen selbst helfen kann. Was man dazu benötigt, auch bei Hilfe von Anderen und worum sich besser Profis kümmern sollten.

Bei allen beschriebenen Arbeiten gilt grundsätzlich:
Kein Arbeitsschritt ist wichtiger als ein anderer.
Alles ist - im wahrsten Sinne - über die Kabel verbunden.

Kapitel 1

Kabel / Leitungen

Der Kabelbaum der Nimbus-C besteht aus isolierten Kupferkabeln in denen der Strom geleitet wird. Die physikalischen Grundlagen er Elektrizität können wir bei der Fehlersuche vernachlässigen. Für uns ist lediglich wichtig zu verstehen, wie die elektrischen Bauteile funktionieren oder auch nicht.

Ein Kabel für das elektrische System der Nimbus-C muss eine geeignete Leitfähigkeit haben. Dies hängt sowohl vom Material als auch von seinen Abmessungen ab. Dabei ist es unerheblich, ob die Nimbus mit einer 6 oder 12 Volt Bordspannung betrieben wird.

In den Originalzeichnungen von Fisker & Nielsen A/S ist angegeben, dass überwiegend Kupferdraht mit einem Querschnitt von 1,5 mm^2 verwendet wurde. Den Zeichnungen ist auch zu entnehmen, dass für die Leitung zum Rücklicht eine Kabelstärke von 1 mm^2 verbaut wurde. Es ist nicht sinnvoll, Drähte mit geringerem Querschnitt zu verwenden. Auch sollte man keine Leitungen verwenden, die für andere Zwecke bestimmt sind, beispielsweise für die Hausinstallation oder als Telefonkabel.

Besonders die Masseverbindung, also das Kabel welches den Minuspol der Batterie mit dem Sicherungshalter oder Rahmen verbindet, muss in der Lage sein, eine hoch belastbare Verbindung herzustellen. Hier ist es ratsam, eine kräftigere Leitung von mindestens 2 - 2,5 mm^2 zu verwenden.

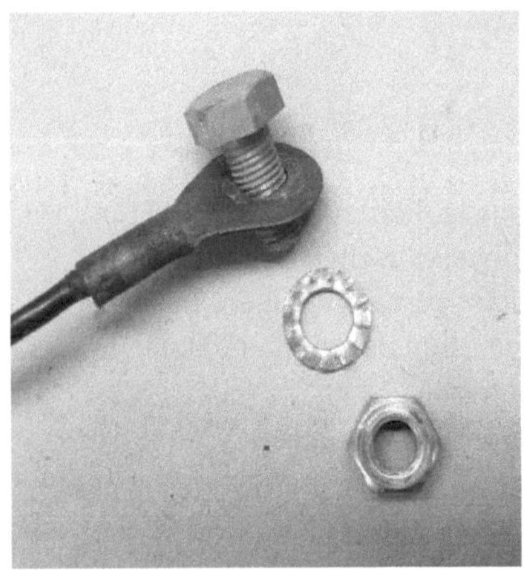

Es empfiehlt sich Stellen, an denen eine elektrische Verbindung entstehen soll, blank zu schleifen und Zahnscheiben unter Schrauben und Muttern zu verwenden. Natürlich müssen bei der Verwendung von nichtleitenden Bauteilen aus Glasfaser, Nylon sowie anderen Kunststoffen, zu den darauf montierten elektrischen Bauelementen zusätzliche Masseverbindungen verlegt werden.

Kabelschuhe sind Hilfsmittel, mit denen die Enden eines Kabels, beispielsweise an der Batterie, einem Relais, einem Schalter oder einer Lampenfassung, angeschlossen werden.

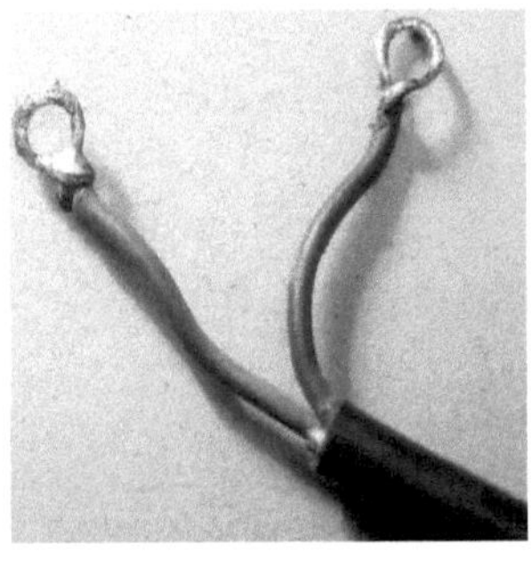

In seiner einfachsten Form ist ein Kabelschuh ein abisoliertes Leitungsende, wobei die Drähte durch Verdrehen oder mittels Lötzinnes zusammengehalten werden.

Andere Arten von Kabelschuhen sind die werksseitig originalen Messingösen oder Messingbleche sowie ähnliche Kabelschuhe die verlötet oder verpresst werden.

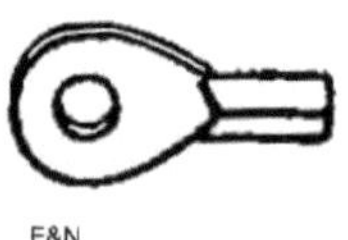

F&N

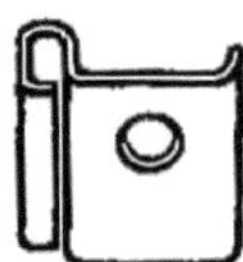

Instandhaltung:
Alle elektrischen Verbindungen sollten regelmäßig überprüft werden. Teils um festzustellen, ob die Kabelschuhe tatsächlich fest sind, aber auch zum Sicherstellen, dass sich keine Korrosion zwischen Kabelschuh und Anschlussstelle gebildet hat.

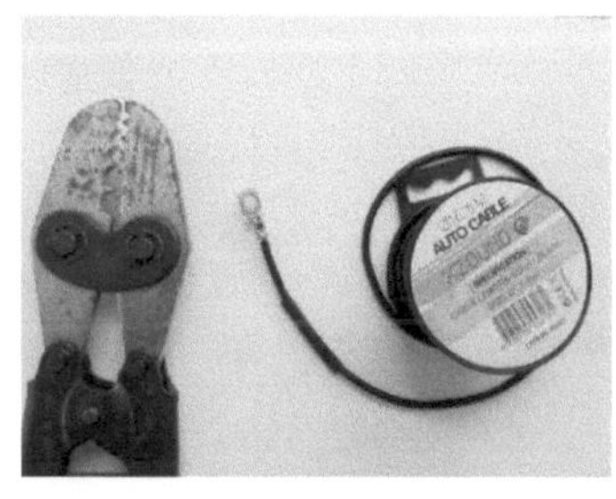

Verpresste Kabelschuhe können nur dauerhaft einwandfrei funktionieren, wenn Sie für die verwendete Drahtstärke ausgelegt sind und eine ordentliche Crimpzange verwendet wurde. Mit Einsatz einer Flachzange oder einem Seitenschneider sind Schwachstellen vorprogrammiert.

Eine Lötverbindung bietet eine gewisse Sicherheit, allerdings kann auch Lötzinn bei einem Kurzschluss innerhalb weniger Sekunden schmelzen.

Schrumpfschlauch über dem Kabelende sieht gut aus, bietet einen guten Schutz gegen Feuchtigkeit und kann gleichzeitig zur Farbmarkierung verwendet werden.

Die Isolierung der elektrischen Leitungen erfordert ebenfalls Kontrolle und Wartung. Isolierungen der bis in die 1950er Jahre verwendeten Leitungen mit Gummi- und Stoffummantelung sind häufig sowohl alterungsbedingt als auch durch Temperatur, Öl und Wasser so beschädigt, dass sie unbrauchbar geworden sind.
Aber auch neuere Isolierungen können Probleme verursachen. Sie müssen eine bestimmte Dimension haben, also dick genug sein und mechanischen Belastungen standhalten. Auch dürfen sie nicht aushärten und dadurch mit der Zeit brüchig werden. Deshalb sollten Kabel mit der Kennzeichnung FLR verwendet werden. Gegenüber einer Fahrzeugleitung mit der Kennzeichnung FLRY-B weisen diese Kabel keine reduzierte Isolierung auf.

Instandhaltung:
Überprüfen Sie alle Kabel regelmäßig und systematisch. Achten Sie besonders darauf, wo eine mechanische Belastung wegen eines eingeklemmten oder über eine Kante gespannten Kabels auftreten kann.

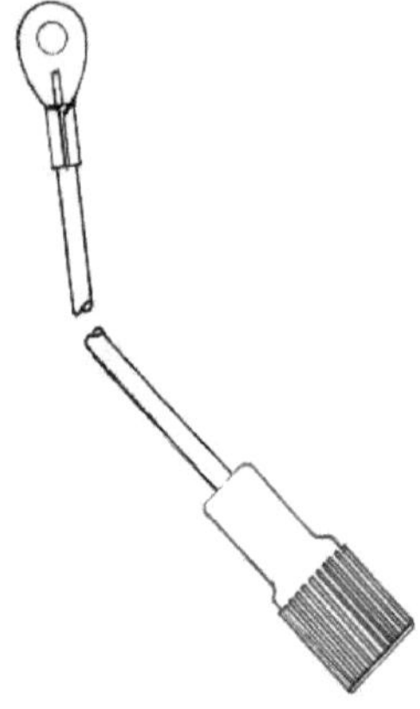

Wenn Sie Stellen finden, an denen die Isolierung vollständig oder teilweise beschädigt ist, bessern Sie diese konsequent aus. Hier besteht die Gefahr eines Spannungsverlustes oder sogar eines Kurzschlusses.

Mit Isolierband kann man die Beschädigung behelfsmäßig instand setzen.

Schrumpfschlauch macht die Reparatur etwas haltbarer.

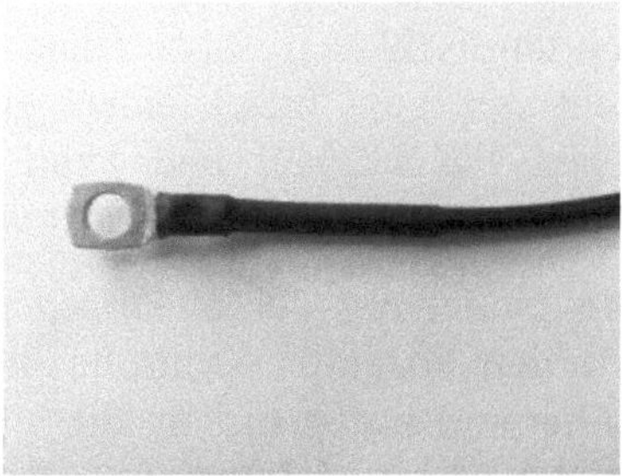

Es ist jedoch immer ratsam, das beschädigte Kabelstück vollständig zu ersetzen und es so zu montieren, dass künftige Schäden vermieden werden.

Die Sicherung

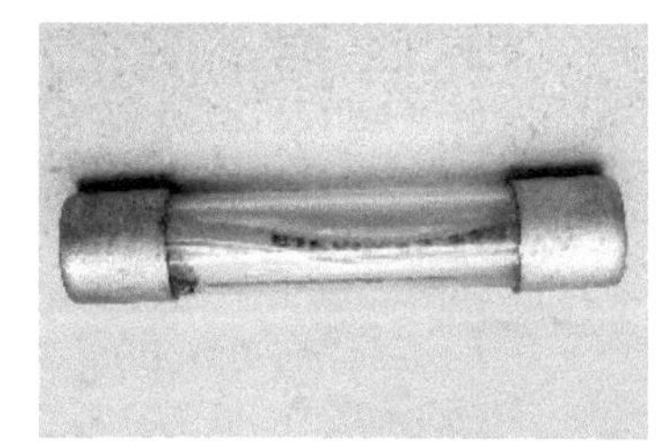

Bei einem Kurzschluss kann im schlimmsten Fall die gesamte Verkabelung sofort schmelzen. Eine zwischengesetzte Sicherung vermeidet dies, da nur der Draht in der Sicherung durchbrennen wird.

Bis Ende 1947 war eine Schmelzsicherung in Form einer 20-Ampere-Glasrohrsicherung im Kabelnetz der Nimbus zwischen Batterie-Minus und Getriebegehäuse verbaut. Nach deren Wegfall ist es nach heutiger Erfahrung notwendig geworden, selbst eine Sicherung in das System einzubauen. Bei Arbeiten an der elektrischen Anlage sollte zunächst die Masseverbindung zwischen Batterie und Rahmen getrennt werden. Daher ist es sinnvoll, die Sicherung, zum Beispiel mittels Torpedo-Sicherungshalter, genau in diesem Bereich einzufügen.

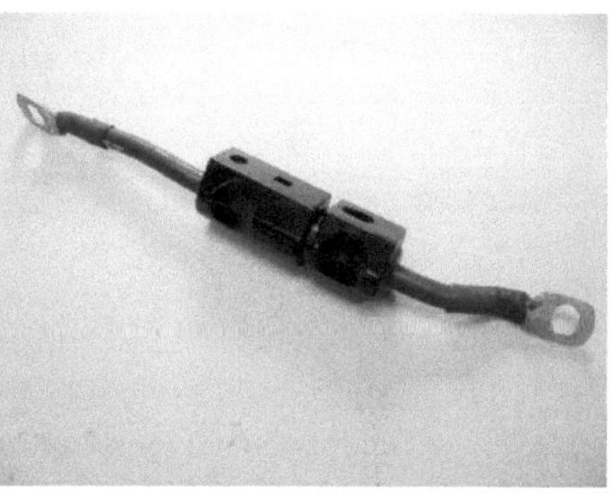

Instandhaltung:

Egal wie sauber der Sicherungshalter äußerlich aussieht, kann dennoch Feuchtigkeit in ihn eindringen. Hierbei bildet sich sowohl auf der Sicherung als auch auf den Kontaktenden Korrosion. Öffnen Sie daher regelmäßig den Sicherungshalter und prüfen Sie, ob die Sicherung trocken und frei von Oxidation ist und ob dies auch für die Kontaktstücke im Sicherungshalter gilt.

Überprüfen Sie hierbei auch gleichzeitig den Zustand der Masseverbindung und deren Anschluss durch einen kräftigen Ruck. Hält die Verbindung nicht, reparieren Sie diese und wiederholen Sie den Test.

Kontakte
Glücklicherweise verfügt die Nimbus über wenige Kontakte, aber gerade im Hauptschalter finden sich häufig Ursachen für Stromprobleme.

Der Kontroller unter dem Lenker der Nimbus ist bei näherer Betrachtung technisch einzigartig. Er verbindet unter anderem die *Ladekontrollleuchte*, den *Lichtschalter*, das *Zündschloss* und den *Hupentaster*.

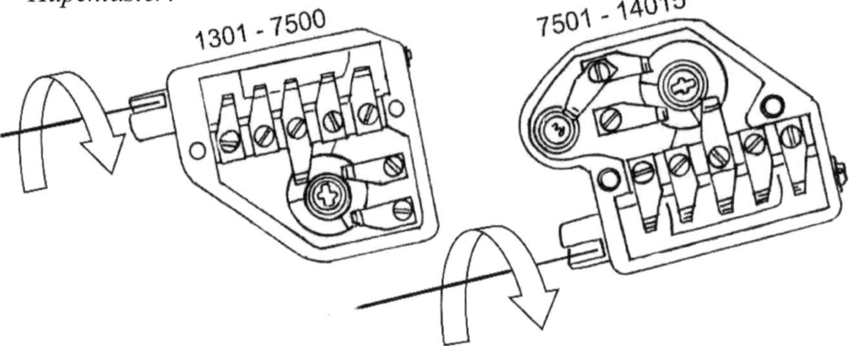

Es gibt zwei geringfügig unterschiedliche Versionen dieses Bauteils. Beide können entfernt werden, indem man die zwei Linsenkopfschrauben auf der linken Lenkeroberseite herausschraubt und das Schaltergehäuse aus dem linken Drehgriff zieht wobei alle Kabel montiert bleiben können.

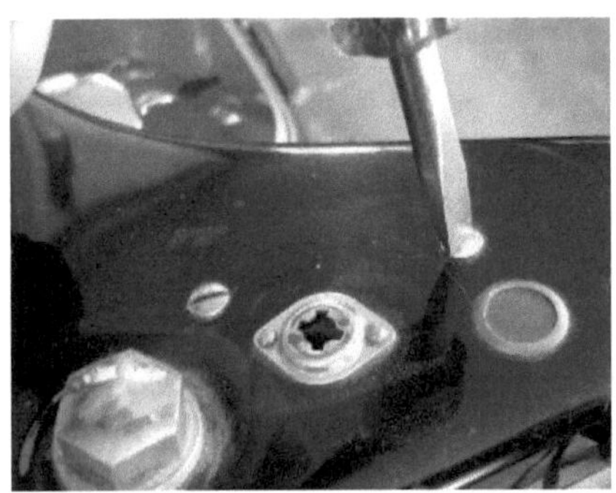

In den Gehäusen beider Versionen findet man eine *Kontaktwalze*, einem *Schlüsselrotor* (Zündschloss) sowie einer Reihe von *Kontaktfedern* aus gewalzter Bronze. In der zweiten, späteren Gehäuseausführung wurde zusätzlich noch ein Lampensockel für eine *Ladekontrollleuchte* integriert.

Kriechstrom ist ein Begriff für Spannungsverluste durch ungewollt leitende Verbindungen an Stellen, an denen keine Verbindung bestehen sollte.

Die Schaltwalze besteht aus Ebonit, einem stark isolierenden und nicht sehr festen Material, welches aus Naturkautschuk und Schwefel hergestellt wird. In diese ist ein Messingblech eingelegt auf welchem die Bronzeblechkontakte gut aufliegen müssen. Mit der Zeit entsteht Abrieb aus Messing oder Bronze. Dieser muss entfernt werden, da hier andernfalls Kriechströme auftreten können.

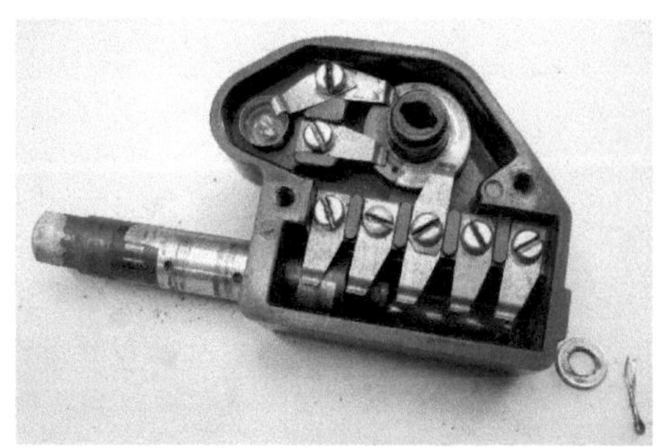

Der Schlüsselrotor ist sowohl ein Licht- als auch ein **Zündungsschalter**. Er besteht aus Bakelit, als Ersatzteil manchmal auch aus Nylon, mit einem eingelegten Messingblech als Kontaktplatte. Auch hier können sich auf dem isolierenden Teil des Rotors Spuren von Bronze- und Messing ablagern, was wiederum zu Kriechströmen führen kann.

Funktion:

Wenn man den Zündschlüssel durch die Öffnung im Schlüsselblech auf dem Lenker in den Schlüsselrotor steckt, passiert erst einmal nichts. Dreht man nun den Schlüssel und mit ihm den Rotor um eine ¼ Umdrehung nach rechts, wird eine Verbindung von der Batterie zum Laderegler und weiter über ein eventuelles Amperemeter zur Lichtschalterwelle mittels zweier Kontaktfedern hergestellt. An der Hupe liegt nun Dauerspannung an. Dreht man nun am linken Lenkergriff, können mit ihm Stand-, Abblend- und Fernlicht geschaltet werden. In dieser Position kann der Schlüssel auch wieder abgezogen werden. Wenn Sie den Schlüssel um eine weitere Viertelumdrehung nach rechts drehen, wird über eine weitere Kontaktfeder eine Verbindung zum Zündspulenkontakt hergestellt. Gleichzeitig wird die Ladekontrollleuchte mit Batteriespannung versorgt.

Der zweite (untere) Kontakt der Glühlampe wird über den Anschluss „D“ der Lichtmaschine, die beiden Lichtmaschinenkohlen und den Kommutator mit einer Masseverbindung auf der linken Lichtmaschinenseite verbunden, sodass in dieser Schlüsselstellung die Ladekontrollleuchte leuchtet. In dieser Position kann der Zündschlüssel nicht abgezogen werden.

Instandhaltung:

Zum Reinigen der Schalteinheit empfiehlt es sich, vor dem Zerlegen ein Foto zu machen oder eine Zeichnung hinzuzuziehen, welche beim späteren Zusammenbau hilft. Entfernen Sie alle Kontaktfedern sowie den Schlüsselrotor und die Walze. Die Walze wird mit einem Splint und einer Scheibe gehalten. Spannen Sie die Walze in eine Drehmaschine oder das Bohrfutter einer großen Bohrmaschine und entfernen Sie mittels sehr feinem Schleifpapier oder -flies Schleifspuren der Kontaktfedern sowohl auf dem Ebonit als auch auf dem Messingblech. Entfernen Sie ebenfalls eingelaufenen Rillen am Schlüsselrotor. Reinigen Sie jede Kontaktfeder und überprüfen Sie diese.

Ist eine Feder an der Kontaktstelle stark abgenutzt, sollte sie ersetzt werden. Der Anpressdruck der Federbleche, die wiederverwendet werden können, wird vor dem Einbau durch leichtes Biegen mit einer kleinen Flachzange erhöht. Alle Federn sollten nach dem Zusammenbau über einen einheitlichen Kontakt zur Schaltwalze verfügen.

Die Ladekontrollleuchte ist entweder im Fahrgestellnummernschild auf dem Lenker (niedrige Vorderradgabel) oder im Lichtschaltergehäuse (hohe Vorderradgabel) verbaut.

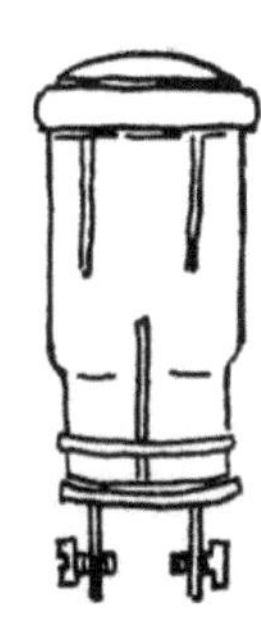

Die im Lenker montierte Ladelampe erfordert normalerweise keine Wartung außer dem Reinigen der Kabelanschlussstücke.

Hingegen muss die in das Kontrollergehäuse integrierte Ladekontrollleuchte regelmäßig gewartet werden. Wenn der Schlüsselrotor entfernt ist, kann die Becherbirne leicht entfernt werden.

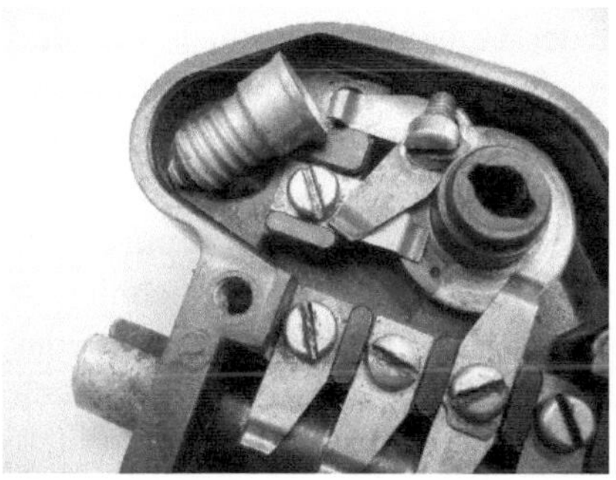

Sie ist nicht verschraubt, sondern wird lediglich von oben am Becherrand mittels der Kontaktfeder mit zusätzlich abgeschnittener Ecke niedergehalten. Entnehmen Sie das Leuchtmittel und entfernen Sie alle Oxidationsbeschichtungen, besonders am Gehäuseboden.

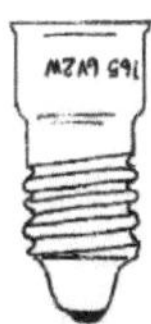

Entfernen Sie auch die Schraube mit der das (blaue) Kabel am Anschluss "D" auf der Unterseite des Schaltergehäuses befestigt ist und reinigen Sie alles sorgfältig.

Eine innere schwarze Färbung des Glases der Becherbirne ist ein Anzeichen für eine zu hohe Spannung, einer sogenannten Überspannung. Die Lampe wird bald durchbrennen, schon deshalb muss das Problem zeitnah gelöst werden. Siehe hierzu später.

Der Hupenschalter ist entweder auf dem Lenker montiert oder links im Lenker eingebaut. Vom Hupenkontakt führt ein einzelnes Kabel zur Hupe. Dieser Draht kann leicht eingeklemmt werden und eine Ursache für Spannungsverlust oder Kurzschluss sein.

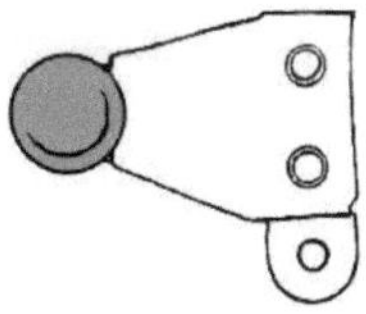

Wenn die Hupe nicht durch einen festen Druck auf den Hupenschalter arbeitet, liegt der Fehler selten im Schalter, sondern eher in den Verbindungen zur Hupe oder in der Hupe selbst. Siehe dazu später.

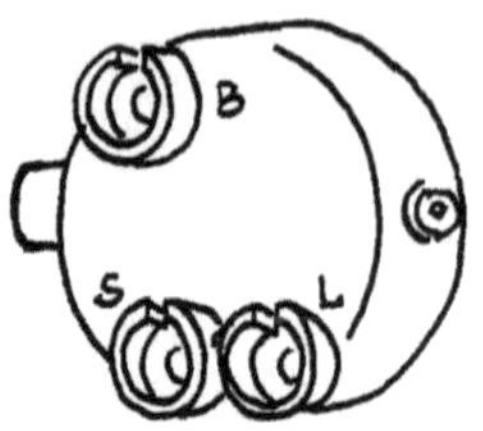

Der Bremslichtschalter befindet sich an einer Stelle, an der er Feuchtigkeit und Schmutz ausgesetzt ist. Daher gibt es hier oft einen Spannungsverlust oder einen direkten Kurzschluss. Dies ist eine gefährliche Situation da Rücklicht und Bremslicht ausfallen können.

Instandhaltung:
Da der Bremslichtschalter direkt mit dem Batterieplus verbunden ist, müssen erst alle Masseverbindungen an der Batterie getrennt werden. Danach lösen Sie die Zugfeder vom Querstift am Brems- pedal. Schrauben Sie alle Kabelverbindungen vom Schaltergehäuse ab und entfernen Sie nun die Mutter auf der Gehäuserückseite hinter der Rahmenplatte. Zerlegen Sie den gesamten Bremslichtschalter, nachdem Sie sich vorher über dessen Aufbau informiert haben. Machen Sie ein Foto oder ziehen Sie eine Zeichnung hinzu.

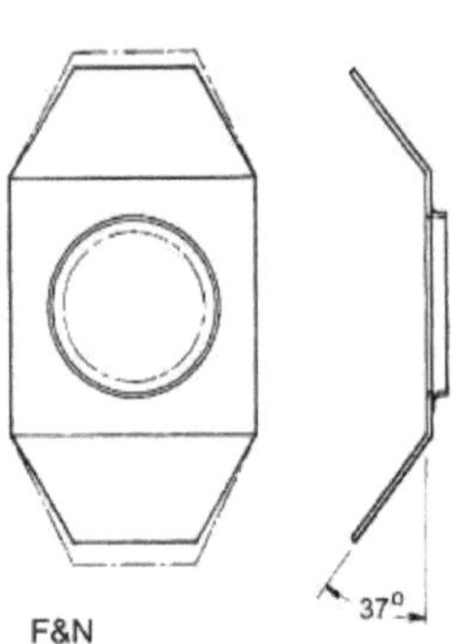

Die Kontaktfeder aus Messingblech muss von allen Belägen gereinigt werden. Manchmal ist es notwendig, die Biegungen der Kontaktfeder nachzustellen. Sollte die Feder jedoch aufgrund eines Kurzschlusses zu sehr erhitzt und damit ausgeglüht worden sein, hat sie ihre Federkraft verloren und kann getrost weggeworfen werden. Sie können sie so oft nachbiegen, wie Sie möchten, sie wird jedes Mal, wenn sie verwendet wird, erneut verbogen und niemals wieder ihre Eigenspannung erreichen. Dies gilt gleichermaßen für die Druckfeder, wenn diese kürzer als ihr Originalmaß von 35 mm ist. Auch die Zugfeder zum Bremspedal kann bei einem Kurzschluss ausglühen und ist dann nicht mehr verwendbar, sodass auch sie ausgetauscht werden muss. Reinigen sie auch die beiden Gewinde-buchsen. Zwischen diesen wird beim Betätigen des Fußbremshebels über das Federblech der Kontakt zwischen Batterie und Bremslicht hergestellt.

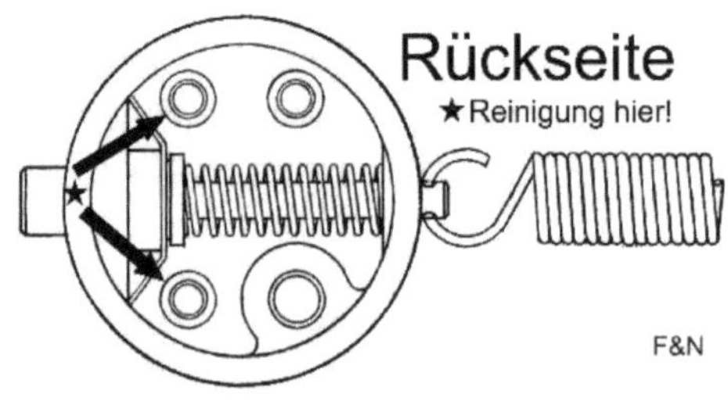

Kapitel 2
Beleuchtung

Sehen und gesehen werden

Dies ist eine der wichtigsten Verkehrssicherheitsregeln.

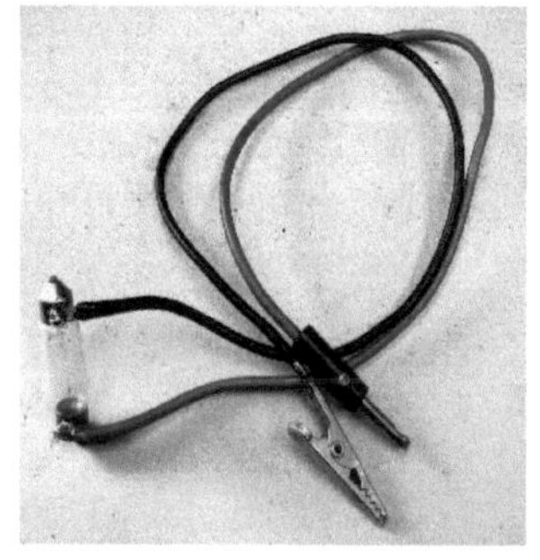

Bei der Inspektion und Wartung der Leuchtmittel an der Nimbus ist eine Prüflampe ein gutes Hilfswerkzeug. Sie können eine Prüflampe selbst herstellen, jedoch auch günstig im Zubehörhandel erwerben. Prüflampen mit Sofitte arbeiten in beide Richtungen, jedoch wird üblicherweise die Krokodilklemme an einer blanken Stelle am Rahmen oder Motor angeschlossen.

Der Scheinwerfer

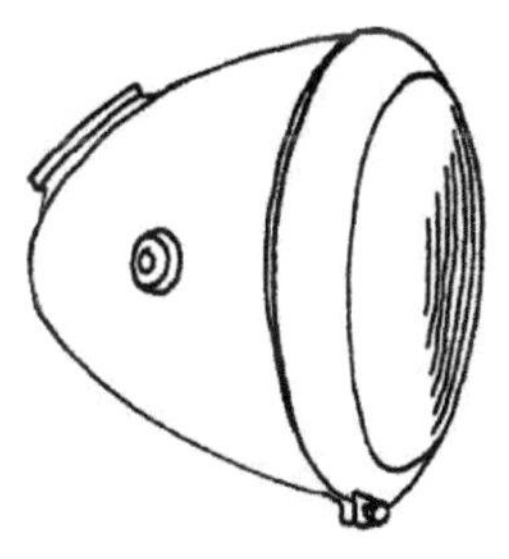

Der Scheinwerfereinsatz besteht unter anderem aus einer gläsernen Streuscheibe, die innen immer sauber und trocken sein sollte und einem Reflektor, der keine matten Stellen und keine abgeplatzte Beschichtung haben darf. Dies hat zwar nichts mit dem elektrischen System zu tun, wirkt sich aber dennoch auf das Licht aus und wird bei einer Hauptuntersuchung zudem als erheblicher Mangel beanstandet.

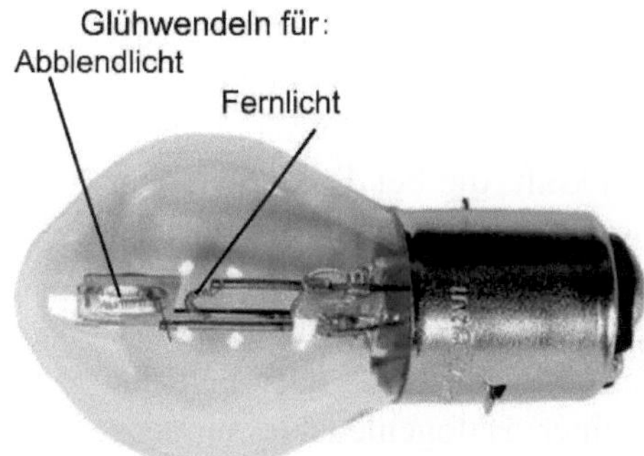

Die Scheinwerferlampe ist üblicherweise mit zwei Glühwendeln ausgestattet. Die nach dem Einbau des Scheinwerfers quer im Glaskörper liegende Wendel ist für das Fernlicht. Die längs liegende Wendel ist von unten abgeschirmt. Sie strahlt daher nur gegen den oberen Reflektorbereich und erfüllt die Funktion des Abblendlichtes.

Bei Fahrten mit 6 oder 12 Volt-Systemen ist eine Scheinwerferlampe mit einer Leistung 35/35 W angemessen. Eine Lampe mit 45/45 W liefert mehr Licht, belastet aber das elektrische System zu sehr. Eine Lampe mit 25/25 W gibt nicht ausreichend Licht, um im Dunkeln zu fahren, wird aber bei Tageslicht von anderen gut gesehen.

Andere Lampentypen sind in der Entwicklung, damit sie für die Nimbus in einem Scheinwerfer montiert werden können. Dies sind unter anderem Halogenlampen mit größerer Intensität und gleichem Verbrauch.

LED-Leuchten mit gut sichtbarem Licht und nur geringem Verbrauch sind ebenfalls erhältlich. Ob LED-Licht ein zufriedenstellendes Tagfahrlicht liefert, ist ungewiss. Bis Ende 2020 war es nicht erlaubt LED-Lampen zu verwenden, da diese nicht typgenehmigt sind. Neben der unkontrollierten Ausleuchtung ist eine weitere Begründung, dass die Wärme einer normalen Glühlampe an den Glaskolben abgegeben wird, während die Wärme- abgabe einer LED-Glühlampe in das hinter dem Sockel befindliche Lampengehäuse erfolgt.

Beachten Sie auch, dass Sie möglicherweise das Risiko eingehen, dass Ihre Versicherungsgesellschaft die Verwendung von LED-Leuchten als "konstruktive Änderung" ansieht und die Kostenübernahme bei aufgekommenen Schäden ablehnt.

Die Standlichtlampe wird nur bei einem unfreiwilligen Stopp im Dunkeln benötigt. Sie ist daher nur mit einem Leuchtmittel von 4 Watt Leistung bestückt, was zu einer Sichtbarkeit aus 300 Metern Entfernung genügt. Montiert man an deren Stelle jedoch eine 20 Watt Halogenlampe in den vorhandenen BA9S- Sockel, bietet diese Leuchte auch eine ausreichende Leuchtkraft, die bei Tage etwa dem Abblendlicht entspricht. Die elektrische Anlage wird mit diesem „Tagfahrlicht“ im Vergleich zum sonst notwendigen Abblendlicht um bis zu 15 Watt entlastet. Bei der Montage einer Halogenlampe sollte jedoch nicht vergessen werden, dass Schmutz oder Fett auf dem Glaskörper die Lebensdauer einer Halogenleuchte immens verkürzt. Daher ist diese bei der Montage möglichst mit einem Alkoholtuch zu reinigen.
Beachten Sie bitte, dass auch diese Maßnahme als "konstruktive Änderung" angesehen werden kann!

Instandhaltung:

Sollte eine Wendel einer Scheinwerferlampe durchbrennen, muss die Lampe ersetzt werden. Kommt dieses häufiger vor, sollte man überprüfen, ob die elektrische Anlage mit einer Überspannung arbeitet (siehe dazu in Kapitel 3) oder ob eine schlechte Masseverbindung zum Scheinwerfer besteht. Auch eine mangelhafte Masseverbindung zwischen Laderegler und Rahmen kann hier eine mögliche Fehlerquelle sein.

Alle an der Nimbus verbauten Scheinwerfer haben keine belastbare Masseverbindung zum Motorradrahmen. Auch der im Lampentopf des letztverbauten Hella-Scheinwerfers angebrachte Masseanschluss soll ursprünglich lediglich eine Anschlussmöglichkeit für den Masseanschluss zum Lampensockel bilden. Bei einem neu lackierten Scheinwerfergehäuse und einer frisch lackierten Vorderradgabel ist nicht sichergestellt, dass eine ordnungsgemäße Verbindung zur Rahmenmasse vorliegt.

In der Vordergabel bilden einzig die 48 gefetteten Stahlkugeln im Kronrohr eine leitende Verbindung zum Rahmen. Ihre Kontaktflächen sind jedoch häufig nicht ausreichend.

Legen Sie daher bei allen Scheinwerfern eine zusätzliche Kabelverbindung vom Lampensockel durch das Loch im Lampentopf zum Rahmen. Hier kann beispielsweise die vordere Tankklemmung der notwendige Anschlusspunkt sein jedoch ist eine Verbindung zum Batterie-Minuspol oder dem Sicherungsträger die bessere Lösung. In den nachgefertigten, bei den Händlern erhältlichen, Kabelbäumen ist ein zusätzliches Kabel von der Lampe bis zur Batterie bereits hinzugefügt.

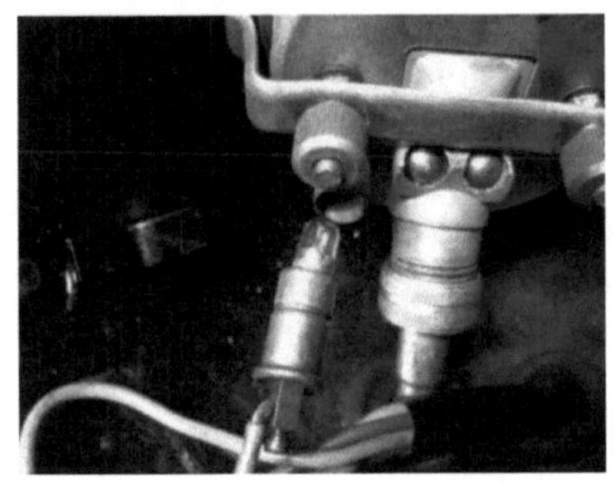

Hinweis:
Der geringe Abstand zwischen den rückwärtigen Gewindebolzen am VDO- Tacho und den Lampenkontakten macht es, um einen Kurzschluss zu vermeiden, häufig notwendig eine zusätzliche Isolierung, z.B. durch
ein Stück von einem Reifenschlauch, zwischenzulegen und am Tacho zu fixieren.

Gesetzliche Vorgaben in Deutschland und Dänemark

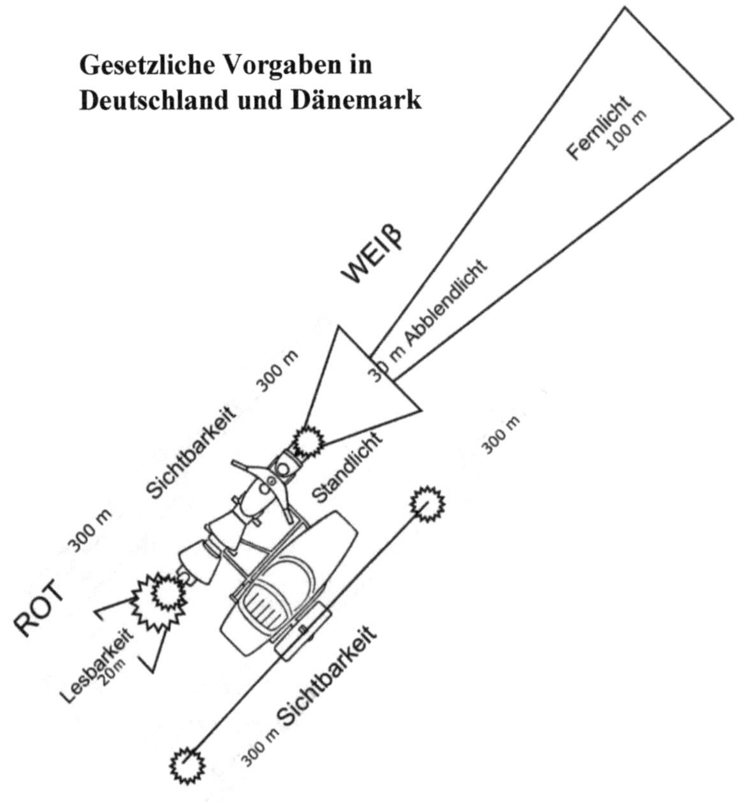

Die Tachometerbeleuchtung der Nimbusse vor Nr. 2551 wurde außerhalb des Gehäuses mit einer Schelle befestigt. Die Sockel der Beleuchtungen nachfolgender Tachomodelle wurden von unten in das Gehäuse gesteckt oder mit diesem verschraubt.

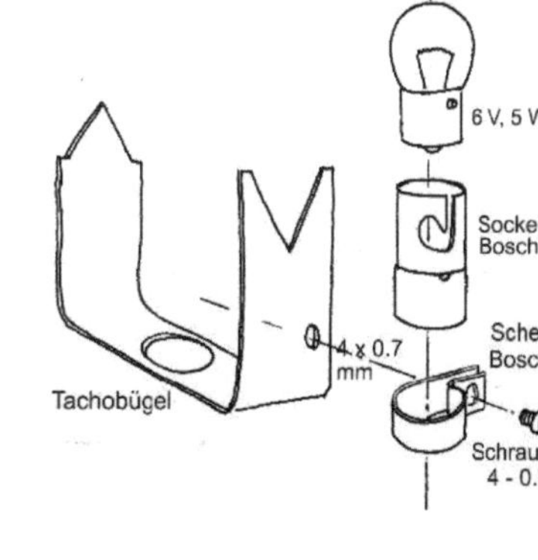

Leuchtet die Instrumentenbeleuchtung bei eingeschaltetem Licht nicht, ist sie entweder durchgebrannt, die Verbindung zum Lichtschalter mangelhaft oder es besteht keine Masseverbindung. Benutzen Sie zur Fehlersuche eine Prüfleuchte.

Im Gegensatz zum Scheinwerfer dient das Rücklicht nur zum Gesehen werden

Das Rücklicht ist eine Eigenkonstruktion der Firma Fisker & Nielsen A/S und kombiniert *Brems- und Schlusslicht.* Einige Nimbus-Fahrer ersetzen dieses durch ein lichtstärkeres Fremdmodell. Im Folgenden gehen wir jedoch vom ursprünglichen Rücklicht der Nimbus aus.

Im Laufe der Produktionszeit wurden an diesem drei unterschiedliche Glas-/ Kunststoffscheiben für den Lichtaustritt nach hinten verwendet. Die erste Version war durchscheinen rot eingefärbt und im oberen Bereich mit der Prägung STOP versehen. Die zweite Ausführung bestand aus einer dünnen, in einen gelben und einen roten Bereich unterteilten Celluloidscheibe. Beide Rücklichtscheiben haben keine Prüfkennzeichnung, dürfen jedoch, laut StVZO, an vor dem 1.1.1954 gebauten Fahrzeugen Verwendung finden.

Mangels Reflektoren an den beiden Rücklichtscheiben muss am Fahrzeug ein zusätzlicher roter Rückstrahler verbaut werden dessen Größe und Form nicht vorgeschrieben ist. Die Form darf jedoch, um nicht mit einem Anhänger verwechselt zu werden, keinesfalls dreieckig sein.
Das dritte, rote und mit einem Reflektor versehene Rücklicht ist vom dänischen Verkehrsministerium mit J.R.U.129 oder J.R.U.131 gekennzeichnet worden.

Das Schlusslicht befindet sich im unten Bereich des Rücklichts und ist mit einem 5 Watt Leuchtmittel versehen. Es leuchtet nach hinten durch das Rücklichtglas rot und strahlt gleichzeitig nach unten durch eine klare Kunststoffplatte das Nummernschild als Kennzeichenbeleuchtung an.

Das Bremslicht ist im oberen Gehäuseabschnitt platziert und mit seiner 15 W Glühlampe deutlich heller. Eine Trennung der Leuchten wird durch ein eingeschobenes Aluminiumblech erreicht.

Instandhaltung:
Die für BA15S - Leuchtmittel ausgelegten Sockel sind aus der Aluminiumrückwand des Gehäuses gearbeitet. Nur durch den Druck der beiden Kontaktfedern unter den Sockeln werden die Leuchten in ihren Positionen gehalten und mit der Gehäusemasse verbunden. Sockel, Federbleche und Lampen müssen regelmäßig kontrolliert werden. Entnehmen sie dazu den Drahtring und entfernen Sie die Rücklichtscheibe.

Entnehmen Sie die Glühlampen durch leichten Druck unter Drehen um 90 Grad nach rechts oder links. Nach dem Herausziehen überprüfen Sie, ob sich Ablagerungen am Lampensockel befinden. Auch die Bohrungen für die Lampenaufnahme und die dahinter liegenden Kontaktbleche sollten keine Ablagerungen aufweisen. Reinigen Sie alle Teile sorgfältig, um eine gute Masseverbindung herzustellen.

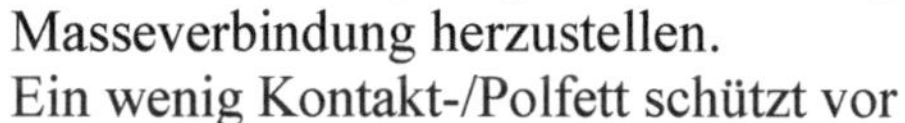

Ein wenig Kontakt-/Polfett schützt vor Oxidation. Drehen Sie die Leuchtmittel wieder in ihre Fassungen. Sollte eine Lampe seitlich kippeln können Sie einen kleinen Blechstreifen, zum Beispiel ein Stück einer Heftlasche, in den Spalt einführen. Keilen Sie die Lampe jedoch nicht zu fest, um sie auch händisch wieder entnehmen zu können.

Die Masseverbindung zwischen Rücklicht und Rahmen hängt vom hinteren Kotflügel ab. Ein frisch lackierter Fender hat kaum Kontakt zum Rahmen. Es ist daher ratsam, genau wie beim Scheinwerfer, ein zusätzliches Massekabel zu installieren. Eine gute Anschlussmöglichkeit am Rahmen ist beispielsweise die Befestigungsmutter des Bremslichtschalters oder die darüber befindliche Kabelschelle. Eine direkte Verbindung zum Minuspol der Batterie ist ebenfalls sinnvoll. Eine Verbindung zum Sicherungshalter sollte man nicht wählen, da im Falle des Durchbrennens der Sicherung aus einem anderen Grund, auch das Bremslicht ausfallen würde.

Im Rücklichtgehäuse befindet sich kein Reflektor. Das graue Aluminium strahlt kaum zurück. Mit etwas Aluminiumfolie kann hier ein Reflektor hergestellt werden. Alternativ lackiert man das Gehäuse von innen weiß aus.

Ein derzeit nicht mehr erhältliche Rücklichteinsatz mit LEDs, welcher speziell für das Rücklicht und das 6-Volt-System der Nimbus entwickelt wurde, löst die meisten Probleme, sowohl hinsichtlich der Helligkeit als auch der Haltbarkeit. Auch einzelne LED-Lampen sind sehr haltbar jedoch ebenfalls **unzulässige technische Veränderungen.**

Eine Begrenzungsleuchte markiert, wie in der StVZO für mehrspurige Fahrzeuge vorgeschrieben, die Abmessungen eines Fahrzeugs mit nach vorn weiß und nach hinten rot leuchtendem Licht. Um diese Vorgabe zu erfüllen kann eine, wie hier abgebildete, Ermax-Einkammerleuchte auf dem Seitenwagenkotflügel montiert oder auch eine Zwei-Lampen-Kombination verbaut werden.

Da es auch zulässig ist, an einem Motorradgespann eine zusätzliche Bremsleuchte zu installieren bietet es sich an, ein zweites Original-Rücklicht in Kombination mit einer weiß nach vorn leuchtenden Begrenzungsleuchte auf dem Seitenwagenkotflügel zu montieren. Ebenso wie am Motorrad muss auch hier ein Rückstrahler vorhanden sein. Für diesen gibt es ebenfalls keine Größen- und Formvorgabe. Es gilt jedoch auch hier das Verbot einer dreieckigen Form.

Bedenken Sie: Gut gesehen werden schützt das eigene Leben

Instandhaltung:

Das Kabel von der Positionsleuchte zum Bremslichtschalter sollte geschützt verlegt und gut befestigt werden. Es kann beispielsweise auf der Rückseite der hinteren Strebe des Seitenwagengestells verlaufen. Angeschlossen wird die Positionsleuchte wie auch das Rücklicht auf dem Anschluss „L" des Bremslichtschalters. Auch für die Seitenwagenleuchte empfiehlt es sich, eine zusätzliche Masseleitung zwischen Begrenzungsleuchte und Motorradrahmen zu verlegen. Andernfalls können auch hier Kontaktprobleme durch lackierte Übergänge vom Seitenwagengestell zum Motorrad entstehen.

Überprüfen Sie regelmäßig die Kontaktflächen der Begrenzungsleuchte und der Leuchtmittel auf Korrosion und Sauberkeit. Fehler können mit einer Prüfleuchte festgestellt werden.

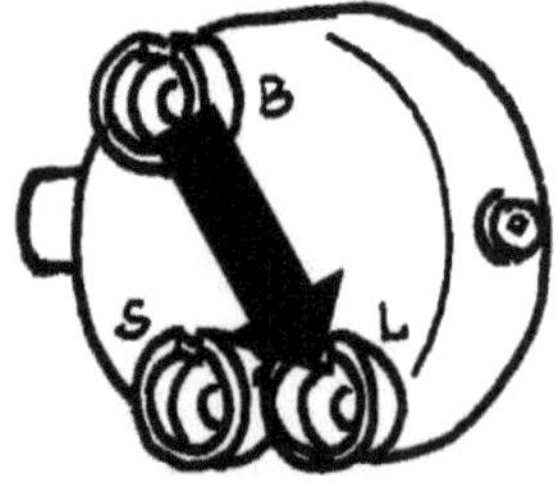

Hupe

Die Hupe ist eine nicht für den Dauerbetrieb ausgelegte „Einrichtung für Schallzeichen" (§55 StVZO) und gehört zu den "Beleuchtungs- und Signaleinrichtungen eines Kraftfahrzeugs".

Funktion:

Mit Drücken der Hupentaste wird der Stromkreis zur Hupe geschlossen.

Ein fest im Hupengehäuse angebrachter Elektromagnet zieht unter Spannung gesetzt einen Eisenkern (Anker) an, welcher auf der Unterseite einer Membran (dünne, federnde Blechscheibe) befestigt ist.

Der Anker oder ein darauf montierter Stift öffnet beim Anziehen des Magneten einen Kontakt und trennt dadurch die Stromzufuhr zur Magnetspule. Die stromlose Spule lässt den Anker samt Membran in seine Ruheposition zurückschnellen. Parallel dazu wird der Stromkreis wieder geschlossen und der Anker erneut angezogen. Durch diese sehr schnellen Schwingungen der Membran werden Schallwellen erzeugt, die den Hupenton hervorrufen.

Instandhaltung:

Was tun wenn die Hupe nicht funktioniert?

Hupen werden an den meisten Fahrzeugen mit Dauerstrom versorgt. An welchem der beiden Kontakte die Spannung angeklemmt wird ist nicht relevant. Der zweite Anschluss ist mit dem Hupentaster verbunden.

Die Hupe unserer Nimbus funktioniert nicht, wenn der Ladezustand der Batterie zu gering ist. Zerlegen Sie ihre Hupe erst wenn sie ihre Funktion auch bei laufendem Motor getestet haben.

Beim Drücken des Hupenknopfes wird eine Verbindung zur Fahrzeugmasse hergestellt und die Hupe ertönt. Klemmen Sie die Krokodilklemme der Prüflampe an eine gut leitende Stelle wie etwa den Bügel der Zündspule.

Testen Sie zuerst die Spannungsversorgung der Hupe, indem Sie den Zündschlüssel auf Position „Licht" drehen. Die Zündung sollte zum Schutz der Zündspule NICHT eingeschaltet sein. Prüfen Sie nun mit der Spitze der Prüflampe, ob an beiden Kontakten der Hupe Spannung anliegt. Ist das Ergebnis negativ, prüfen Sie mit der Spitze der Prüflampe, ob am Anschluss „5", dem mittleren Kontakt auf der Unterseite des Lichtschalters, eine Spannung anliegt.

Leuchtet die Prüflampe ist die Kabelverbindung zur Hupe defekt. Andernfalls befindet sich der Fehler im Lichtschalter. Leuchtet die Prüflampe an beiden Anschlüssen, prüfen Sie, ob auch am Hupenknopf Spannung anliegt. Mit der Spitze der Prüflampe stechen Sie dazu beim Bosch Hupenknopf in das Kabel neben dem Taster. Beim Folgemodell prüfen Sie dies an der Anschlussschraube unterhalb des Lenkers. Ist dort eine Spannung zu ermitteln, ist der Fehler am Hupenknopf selbst zu suchen. Andernfalls ist die Kabelverbindung defekt.

Ist beim Drücken des Hupenknopfes nur ein leises Klacken in der Hupe zu hören, benötigt die Membran meist nur eine Anschlagjustierung. Diese kann von außen mit der Schraube auf der Hupenrückseite durchgeführt werden. Lösen Sie dazu die Kontermutter unter der Schraube und drehen Sie die Schraube bei gedrücktem Hupenknopf vorsichtig ein bis zwei Umdrehungen nach links. Beginnt die Hupe nicht zu tönen, drehen Sie die Schraube vorsichtig ebenfalls nur um zwei Umdrehungen nach rechts. Beim lautesten Hupen kann die Justierung beendet werden.

Sollte diese Arbeit nicht von Erfolg gekrönt sein, muss die Hupe zerlegt und die Kontakte im Inneren der Hupe gereinigt werden. Anschließend erfolgt die Endeinstellung ebenfalls wieder über die Schraube. Vergessen Sie nicht, diese wieder mit der Mutter zu kontern.

Kapitel 3
Die Batterie

Die Batterie oder auch der Akkumulator, kurz Akku, sammelt und speichert elektrische Energie.
Eine Batterie besteht je nach Nennspannung aus mehreren Zellen. Für Bleibatterien gilt eine Zellenleistung von 2 Volt. Daher besteht ein 6 Volt-Akku aus drei und eine 12 Volt Stromquelle aus sechs Zellen.

In den Anfängen wurden Batteriegehäuse aus Bitumen, später aus Hartgummi und heutzutage aus Kunststoff hergestellt. Jede Zelle ist von seiner Nachbarzelle komplett durch eine Wand getrennt. In jeder Zelle befinden sich mehrere nebeneinander hängende Blei- und Bleidioxidplatten. Diese sind abwechseln mit dem Plus- und dem Minuspol verbunden. Jede Zelle ist bis wenige Millimeter über den Platten mit einer 37%igen Schwefelsäurelösung gefüllt.

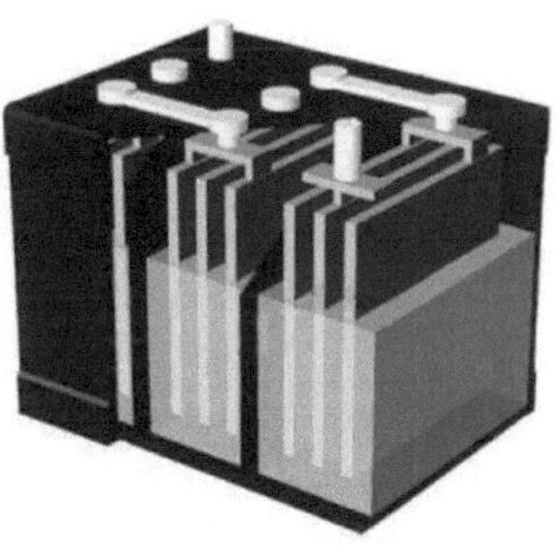

Die Ruhespannung der serienmäßig in der Nimbus verbauten Batterie beträgt etwa 6,15 Volt. Man kann diese mit einem Voltmeter an den Polen messen. Die Spannung einer entladenen Batterie darf bis ca. 5,5 Volt absinken. Misst man jedoch an seinem Akku eine Spannung im Bereich von 4 Volt ist eine Zelle defekt.

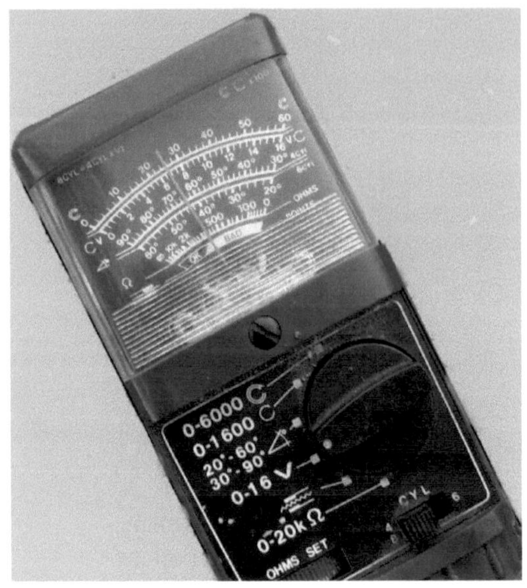

Man kann ihn zwar laden, dennoch sollte er aber nicht mehr verwendet werden. Im Fahrbetrieb würden Lichtmaschine und Laderegler vergeblich versuchen, die nicht mehr erzielbare Vollladung einer einwandfreien Batterie zu erreichen. Diese Überbelastung führt früher oder später zum Totalausfall beider Bauteile.

HINWEIS: Batterien sind Sondermüll und müssen dementsprechend entsorgt werden. In Deutschland unterliegen Sie daher einer Pfandpflicht.

Der beim Laden in der Batterie ausgeführte chemische Prozess nennt sich Elektrolyse. Dabei nimmt die Dichte der Flüssigkeit (Elektrolyt) zu und beim Entladen entsprechend ab.
In früheren Zeiten wurden die Ladezustände der damals üblichen "Nass-Batterie", das sind Batterien mit einem Schraubstopfen pro Zelle, lediglich über die Dichtemessung mit einem Batteriesäureheber bestimmt.
Die Ladespannung errechnet sich aus der Batterienennspannung plus 20%. Unsere 6 Volt Batterien werden dementsprechend mit 7,2 Volt geladen. Bei laufendem Motor sorgt der Laderegler für die entsprechende Regelung von Ladestrom und Ladespannung (dazu später mehr).

Instandhaltung:
Lagern, transportieren und verbauen Sie eine Blei-Säure-Batterie stets lotrecht.
Austretende Säure führt zu schweren Verätzungen. Kontrollieren Sie die Batterieanschlüsse regelmäßig und entfernen Sie Korrosion rechtzeitig. Nutzen Sie dazu eine Drahtbürste und schützen Sie die Pole anschließend mit Polfett.

Bei einer "Nassbatterie" muss der Flüssigkeitsstand regelmäßig kontrolliert werden. Überprüfen Sie diesen jedoch niemals mit einem Feuerzeug oder der offenen Flamme eines Streichholzes. Das sich bei der Elektrolyse entwickelnde Gas ist ein Gemisch aus Sauerstoff und Wasserstoff. Umgangssprachlich wird es auch als Knallgas bezeichnet, womit eine weitere Begründung hoffentlich überflüssig ist.

Geschuldet der Einbauposition hinter dem Motor, warmer Witterung und Eigenerwärmung beim Laden, ist eine gewisse Verdunstung von Batterieflüssigkeit normal. Der Flüssigkeitsstand muss immer wenige Millimeter über den Zellenplatten liegen, da andernfalls der Akku irreparabel geschädigt wird. Fehlende Flüssigkeit ist niemals durch das Nachfüllen von Schwefelsäure, sondern immer nur mit destilliertem oder demineralisiertem Wasser durchzuführen. Häufig auftretende niedrige Säurestände sind meist mit einer zu hohen Ladespannung zu begründen. Dies kann bedeuten, dass am Laderegler die Ladespannung eingestellt werden muss. Eine weitere Fehlerquelle ist auch hier eine unzureichende Masseverbindung die Sie vor weiteren Arbeitschritten prüfen sollten. Stellen Sie sicher, dass alle Masseverbindungen, sowohl vom Minuspol der Batterie zum Rahmen einschließlich Sicherungshalter als auch zwischen Rahmen und Laderegler in Ordnung sind.
In ausgebautem Zustand kann der Akku mit einem Ladegerät aufgeladen werden. Bei älteren Ladegeräten muss hierbei zwingend die Ladezeit beachtet werden, da es andernfalls zu einer übermäßiger Batterieerwärmung und gleichzeitiger Gasentwicklung kommen kann. Zu langes Laden erhöht die Säuredichte soweit, dass die Säure das Blei der Zellenplatten zersetzt. Abgelöstes Blei setzt sich am Zellenboden ab und schließt die Platten kurz. Dies wiederum führt zu einer irreparablen Beschädigung der Batterie. Ein modernes, intelligentes Ladegerät kontrolliert laufend den Ladezustand und schaltet sich bei Erreichen des Höchstwertes von 7,2 Volt selbstständig ab.

Laden Sie Ihre Batterie möglichst immer außerhalb geschlossener Räume.

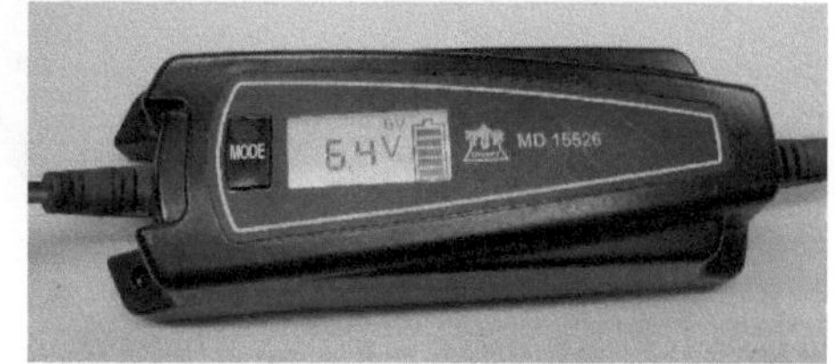

Wartungsfreie Batterien

Es gibt verschiedene Versionen der sogenannten wartungsfreien Batterien. Einige sind versiegelt, aber dennoch wie herkömmliche Batterien aufgebaut. Auch für diese Akkus gilt, dass sie nur in der vom Hersteller angegeben Lage transportiert und eingebaut werden dürfen, da sie andernfalls dauerhaft beschädigt werden.

In einem weiteren neuen Batterietyp wird Blei durch Silber und Calzium ersetzt.

Batterien werden mit Blick auf die Technik der Zukunft immer wichtiger, deshalb findet in diesem Bereich momentan eine rasante Entwicklung statt. Von dieser können auch wir mit unseren betagten Motorrädern profitieren.

Hinweis:
Neuere Batterietypen haben gegenüber Blei-Säure-Batterien meist andere Ladestromwerte. Die Nutzung eines Nimbus-Ladereglers mit Standart-Bleibatterie-Einstellungen ist daher nicht uneingeschränkt möglich.

Lichtmaschine 1934 - 35

Da die dänische Ausgabe diese Buches „Alles über Elektrik" genannt wurde, müssen wir auch die 1934 kurzzeitig in der Nimbus-C verbaute Drehstrom-Lichtmaschine einbeziehen. Sie wird auch als Drei- Kohlen-Lichtmaschine bezeichnet und unterscheidet sich grundlegend von dem ab 1935 verwendeten Generator.

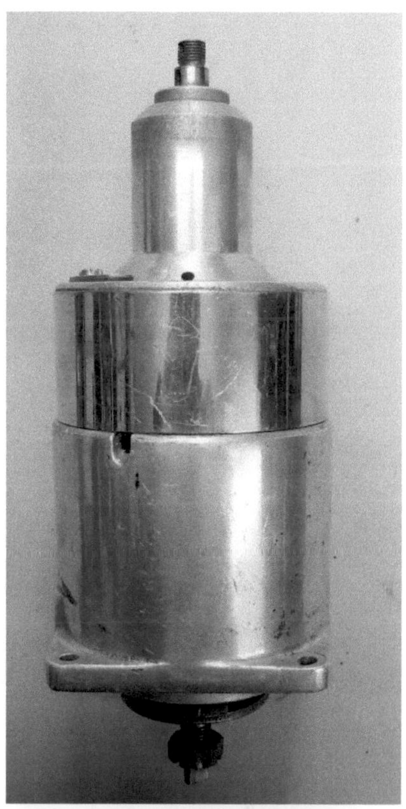

Das Werk schrieb 1934 in ihrer allerersten Anleitung:

Der elektrische Strom wird vom vertikal verbauten Dynamo vor dem Zylinderblock erzeugt. Der Dynamo basiert auf dem bekannten sehr einfachen und robusten 3-Kohlen-System. Stellen Sie daher immer sicher, dass die Batterie in Ordnung ist und eine gute Verbindung zu dieser besteht. Die Kohlen können durch Drehen der halbkreisförmigen Platte auf der Lichtmaschine verstellt werden. Die Markierungen 1 bis 4 geben den Ladestrom in Ampere an. Normalerweise werden die Kohlen auf 4 Ampere eingestellt. Beim längeren Fahren ohne Licht und Hupe kann der Ladestrom verringert werden. Der Dynamo ist über einen Schalter mit dem Rahmen (Batterie-Minuspol) verbunden. Dieser wird durch den Öldruck geschlossen (siehe Schmierung).

Lädt die Lichtmaschine nicht, liegt dieses möglicherweise am Öldruckschalter, einem verschmutzten Kommutator, verschlissenen Kohlen, fehlendem Federdruck an diesen oder einer losen Kabelverbindung. Ein Fehler am Öldruckschalter lässt sich durch das Überbrücken des Kabelanschlusses gegen Masse testen.

Erfolgt dennoch keine Batterieladung, sind die Kohlen und der Kommutator zu reinigen. Letzteren reinigt man vorsichtig mit einem Stück feinstem Schleifpapier, das auf einen Holzstock gespannt wird.

Diese Lichtmaschinen verursachten Fahrern, Händlern und dem Werk große Probleme. Viele der im Jahr 1934 verbauten 250 Exemplare wurden daher durch die ab 1935 verwendete neuere Ausführung ersetzt.
Aus diesem Grund sind nur wenige dieser Dynamos bis heute erhalten geblieben.

Lichtmaschine ab 1935

Die in der Nimbus-C ab 1935 verbaute Lichtmaschine, kurz Lima, ist ein Gleichstromdynamo. Sie wird in anderen Ländern üblicherweise Generator genannt. Der Begriff Lichtmaschine entstand beim Übergang der Karbidlampe zur elektrischen Fahrzeugbeleuchtung, da dieses Bauteil anfangs nur für die Beleuchtung benötigt wurde. Der Zündfunke wurde zu damaliger Zeit über eine Magnetzündung erzeugt.

Die Lichtmaschine besteht aus einer vom Motor angetriebenen Ankerwelle. Um diese Welle sind mehrere mit einer Isolierlackierung versehene Drähte gewickelt, deren Enden jeweils an Messingsegmente gelötet sind. Diese Segmente bilden im Kreis angeordnet den Kommutator, auch Kollektor oder Stromwender genannt.

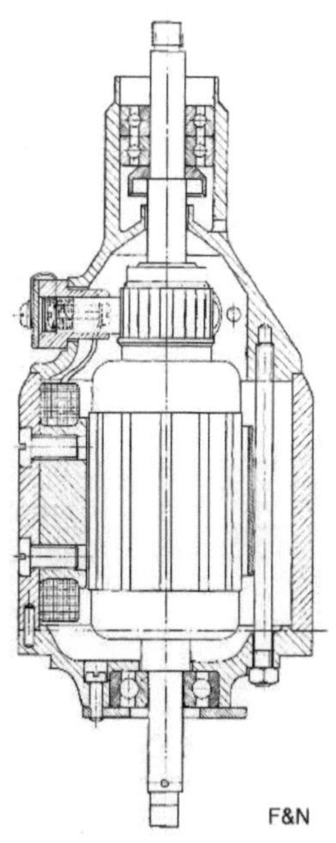

Der Anker dreht sich in einem Magnetfeld zwischen zwei gegenüberliegend im Dynamo eingebauten pilzförmigen Polschuhen. Um die Polschuhe befinden sich jeweils eine Feldwicklung, auch Feldspule genannt. Noch bevor der Anker durch den Motor in eine Drehbewegung versetzt wird, besteht zwischen den Polschuhen ein Restmagnetismus (Remanenz). Dieser ist ausreichend, um schon bei Beginn der Ankerrotation eine Spannung in den Wicklungen zu erzeugen (hier müssen wir für einen Moment an die Entdeckung des Elektromagnetismus durch H. C. Ørsted, einen Dänen, erinnern).

Dieser erzeugte Strom kann nun von den Wicklungen über den Kommutator mittels darauf schleifender Kohlebürsten abgegriffen werden.

Die mit den Schleifkohlen über feine Messinglitzen verbundenen Anschlussbleche sind auf der rechten Lichtmaschinenseite mit dem Anschluss „D“ verschraubt. Auf der linken Fahrzeugseite ist das Blech im Kohleträger zusammen mit einem abisolierten Stück Kupferdraht verschraubt. Das zweite Drahtende ist außerhalb des Trägers mit dem Lichtmaschinengehäuse verschraubt und stellt so eine Verbindung zur Fahrzeugmasse her..

Rechts

Links

Funktion:

Die Funktionsweise der Lichtmaschine muss im Zusammenwirken mit dem Laderegler und der Batterie gesehen werden. Der Aufbau und die Arbeit des Reglers werden etwas später erklärt.

Wenn Sie den Schlüssel Ihres Nimbus-C auf Zündung drehen um den Motor zu starten, setzen Sie nicht nur die Zündspule unter Spannung. Sie sorgen gleichzeitig (siehe Kontroller) dafür, dass eine Spannung über den Ladereglеranschluss „F“ zu den Feldspulen gelangt (mehr darüber später unter Laderegler).

Sobald sich der Lichtmaschinenanker in diesem Magnetfeld zu drehen beginnt und Strom produziert, wird dieser auch an die Feldspulen abgegeben, was wiederum zu einer Verstärkung des Magnetfeldes führt. Dieser Prozess steigert sich fortwährend.

Die Lichtmaschine einer Nimbus-C sollte bei einer Motordrehzahl von circa 4.500 U/min, der Höchstdrehzahl des Motors, eine Spannung von 24 bis 26 Volt abgeben.
Durch die mittels Ladereglers gesteuerte Spannungsversorgung der Feldspulen wird die Ausgangsspannung der Lichtmaschine jedoch auf 7,2 Volt geregelt. Diese Spannung entspricht der für das Laden eines Bleiakkus empfohlene Höchstladespannung (6 Volt + 20%). Gleichzeitig wird mit dieser Spannung die optimale Leistung für das Beleuchtungssystems erzielt. Wenn die Nimbus mit einem 12 Volt-Bordnetz betrieben wird, liegt der Grenzwert entsprechend bei 14,4 Volt.

Instandhaltung:
Die Wartung der Lichtmaschine beschränkt sich auf die Überprüfung der Kabelverbindung zu den Kohlen, der Reinigung der Kohleträger und der Überprüfung des Zustands der Schleifkohlen.

1) Auf der linken Fahrzeugseite kann der Kohleträger der Lichtmaschine komplett zerlegt werden. Um mehr Platz für diese Arbeit zu gewinnen empfiehlt es sich, das Ölrücklaufrohr am Nockenwellengehäuse komplett zu entfernen. Danach bauen Sie den Kohleträger aus dem Lichtmaschinenhals aus. Ziehen Sie die Lichtmaschinenkohle heraus und prüfen Sie, ob sich an deren Ende ein Grat gebildet hat. In diesem Fall ist die Ursache meist eine klemmende oder im Halter wackelnde Lichtmaschinenkohle. Reinigen Sie die Kohle und den Kohleträger sorgfältig von Öl und Kohlestaubanhaftungen. Prüfen Sie anschließend den Freigang der Kohle im Halter. Reinigen Sie den Kommutator ebenfalls durch die Öffnung für den Kohleträger im Lichtmaschinenhals, indem Sie gleichzeitig den Kickstarter betätigen. Hierzu eignet sich beispielsweise ein mit Petroleum angefeuchtetes Tuch.
Bei der Montage des Kohleträgers verbinden Sie die Halteschraube der Kohle über den kleinen Kupferdraht mit der vorderen Gehäuseschraube des Kohleträgers. Dieser bildet die notwendige Masseverbindung zum Lichtmaschinenanker. Sollten Sie beim Reinigen Kupfer- oder Zinnrückstände entdecken, muss die Lichtmaschine ausgebaut und zerlegt werden, um die Ursache zu ergründen und den Defekt zu beheben.

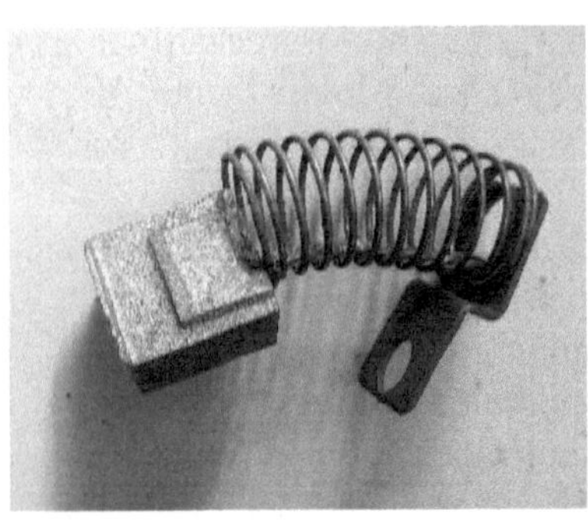

2) Lösen Sie die beiden Schrauben des Kohleträgers auf der *rechten* Lichtmaschinenseite. Entfernen Sie jedoch nur die linke Schraube. Drehen Sie den Deckel nach vorn. Markieren Sie die Kabel mit "D" und "F" vor dem Entfernen.

Ziehen Sie die Schleifkohle aus dem Halter und reinigen Sie diese. Ersetzen Sie bei Bedarf die verschlissene Kohle. Reinigen Sie die Führung im Halter (Wattestäbchen) ohne ihn jedoch zu demontieren.

Beim Versuch den Kohleträger abzunehmen, verbiegt man die auf der Innenseite angeschlossenen Kontaktbleche, welche die Feldspulen mit Spannung versorgen. Dies kann zu einem Kurzschluss und einer Beschädigung der Ankerwicklung führen.

Ein Richten der Kontakte von außen ist nicht möglich. Der Halter darf daher nur bei komplett zerlegter Lichtmaschine nach vorherigem Lösen der Kabel der Feldspulen abgenommen werden.

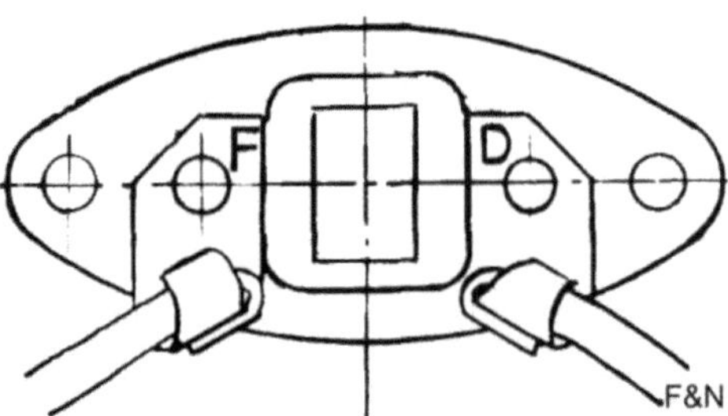

Innenseite des rechten Kohleträgers

Testen und reparieren:
Die Lichtmaschine kann im eingebauten, ausgebauten oder zerlegten Zustand getestet werden.

1) Test im eingebauten Zustand

Diese Variante belastet die Lichtmaschine sehr. Testen Sie deshalb lediglich kurz, um die Messwerte abzulesen. Andernfalls kann die Ankerwicklung in Mitleidenschaft gezogen oder gar zerstört werden.

Sie benötigen: ein *Voltmeter*, ein *Amperemeter* oder ein *Multimeter* sowie drei Messleitungen oder Kabelstücke möglichst mit Krokodilklemmen an den Enden. Ein nur einseitig ausschlagendes Voltmeter ist für unsere Spannungsmessung wenig geeignet, da es zu Ausschlägen in den negativen Bereich kommen kann und das Gerät dadurch zerstört wird.
Markieren Sie zuerst die Kabel am Anschluss "D" und "F" sofern sie keine farbige Isolierung aufweisen. Zur Erinnerung: Das blaue Kabel (D) wird links zusammen mit dem Kontaktblech der Schleifkohle angeschraubt. Das gelbe Kabel (F) ist rechts verschraubt. Entfernen Sie nun beide Kabel vom Kohleträger. Schrauben Sie das Kontaktblech der Kohle wieder an. Drehen Sie auch die Schraube am rechten Anschluss wieder ein.

Restspannung (Remanenzspannung) messen:

Die Restspannung ist die Spannung, die von der Ankerwicklung abgegeben wird und nur durch den Restmagnetismus (Remanenz) der Polschuhe entsteht. An den Feldspulen liegt dabei keine Spannung an.

Verbinden Sie mit der schwarzen Messleitung den „COM“-Anschluss des Volt-/Multimeters mit einer blanken Stelle am Rahmen oder Motor. Verbinden Sie mit der roten Messleitung den Spannungseingang des Messgerätes mit dem Anschluss "D" der Lichtmaschine.

Starten Sie den Motor und erhöhen Sie die Motordrehzahl, bis das Messgerät keinen Spannungsanstieg mehr anzeigt. Lesen Sie den Wert im Display ab. Es sollten circa 1,5 Volt angezeigt werden. Wenn während des Tests keine oder eine negative Spannung angezeigt wird, muss die Lichtmaschine polarisiert werden. (Siehe Polarisierung der Lichtmaschine)
Wiederholen Sie den Test nach der Polarisierung erneut. Sollte weiterhin der Standardwert von 1,5 Volt nicht erreicht werden, ist die Ankerwicklung beschädigt und die Lichtmaschine muss instandgesetzt werden.

Maximale Spannung messen
Verbinden Sie wie vorhergehend das Volt- / Multimeter mit dem Rahmen und dem Anschluss "D" der Lichtmaschine. Verbinden Sie zusätzlich den Anschluss "F" mit dem Rahmen. Starten Sie den Motor und erhöhen Sie die Drehzahl bis die höchste Spannung angezeigt wird. Lesen Sie den Wert ab und stellen Sie den Motor ab.

Der angezeigte Messwert sollte zwischen 24 - 26 Volt liegen. Wenn dies nicht der Fall war, ist der Fehler an den Feldspulen oder aber am Lichtmaschinenanker zu suchen. Die Suche ist nur an einer zerlegten Lichtmaschine möglich. (Siehe Testen der zerlegten Lichtmaschine.)

Maximale Ladeleistung messen

Wichtig: Ein für diese Messung geeignetes Multimeter muss für einen Mindestanschlusswert von 20 Ampere ausgelegt sein. Bei kleineren Maximalwerten wird das Gerät zerstört.

Verbinden Sie den A-Anschluss am Messgerät mit dem Anschluss "D" der Lichtmaschine und den COM-Anschluss mit dem Pluspol der Batterie. Verbinden Sie nun den Anschluss "F" am Kohleträger mit dem Rahmen. Starten Sie den Motor und erhöhen Sie die Drehzahl, bis keine Messwerterhöhung in der Geräteanzeige mehr erkennbar ist. Lesen Sie den Messwert ab und stellen Sie den Motor aus. Der abgelesene Wert sollte circa 10 Ampere betragen. Wenn dieser Wert nicht annähernd erreicht wurde, liegt ebenfalls ein Fehler im Lichtmaschinenanker oder in den Feldspulen vor. Auch hier muss zur näheren Eingrenzung die Lichtmaschine zerlegt werden. (Siehe Testen der zerlegten Lichtmaschine.)

Lichtmaschine polarisieren

Beim Einbau einer Batterie, der Installation eines Ladereglers oder bei anderen Arbeiten an der elektrischen Anlage kann es vorkommen das die Polarisation in der Lichtmaschine wechselt oder verloren geht. Sollte dieses geschehen sein, erlischt die Ladekontrollleuchte bei laufendem Motor und ansteigender Drehzahl nicht mehr. Die Lichtmaschine wird praktisch durch den Motor gegen ihre, durch die Polarisation vorgegebene Richtung, gedreht, läuft also unfreiwillig rückwärts. Schalten sie den Motor aus und überprüfen sie alle Kabelverbindungen zum Laderegler und zur Batterie.

Verbinden sie mit einem Kabel für ein, zwei Sekunden, den Anschluss "D" der Lichtmaschine mit dem Batterie-Pluspol oder die Anschlüsse "D" und "B" des Ladereglers. Die Ladekontrollleuchte erlischt in diesem Moment und sollte auch nach Entfernen der Brücke erloschen bleiben. Eventuell muss der Vorgang wiederholt werden.

***2)* Lichtmaschinentest nach Überholung**

Diese Tests werden nach dem Zusammenbau und vor dem Einbau der Lichtmaschine in den Motor durchgeführt, um einen eventuellen Montagefehler zu finden.

Sie benötigen*: Die zusammengebaute und für den Einbau vorbereitete Lichtmaschine, eine 6 Volt-Batterie und drei Kabelstücke/Messleitungen möglichst mit Krokodilklemmen an beiden Enden.*

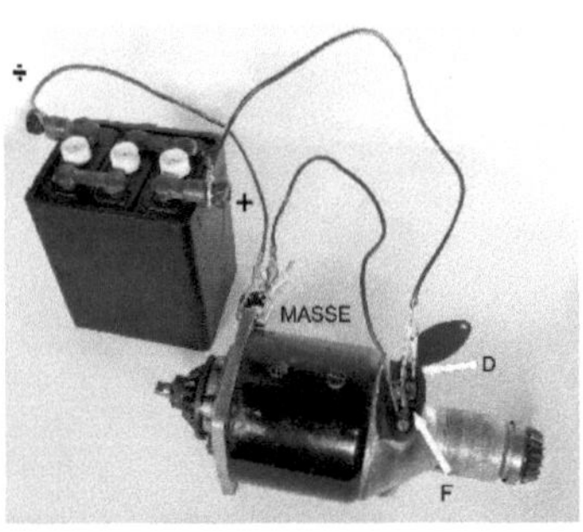

Verbinden Sie den Minus-Pol der Batterie mit dem Lichtmaschinengehäuse und den Pluspol der Batterie mit dem Anschluss "F" am Kohleträger. Wenn sich der Lichtmaschinenanker nun - gegebenenfalls mit einem kleinen Schubs gestartet - langsam in die am Gehäusefuß mittels Pfeiles angegebene Richtung dreht, sind die Feldspulen in Ordnung.

Trennen Sie nun die Verbindung am Anschluss des Batterie-Pluspols. Verbinden Sie den Anschluss "F" mit dem Lichtmaschinengehäuse, danach den Plus-Pol der Batterie mit dem Anschluss "D" am Kohleträger. Wenn der Lichtmaschinenanker nun - möglicherweise ebenfalls unterstützt durch einen kleinen Anstoß - mit schnellerer Drehzahl, in der durch den Pfeil auf dem Lichtmaschinenfuß angezeigte Richtung dreht, ist von einem funktionierenden Lichtmaschinenanker auszugehen. Die Kontrolle des Ladestromes ist nur bei eingebauter Lichtmaschine oder auf einem Prüfstand möglich, da diese hierzu angetrieben werden muss.

3) Lichtmaschinenkomponenten prüfen

Sie können mehrere Bauteile einer zerlegten Lichtmaschine separat überprüfen.

1) Überprüfen Sie, ob in den Feldspulen ein Durchgang vorhanden ist. Die zwei Spulenkerne sind mit dem Magnetring verschraubt und fixieren so die beiden Feldspulen.

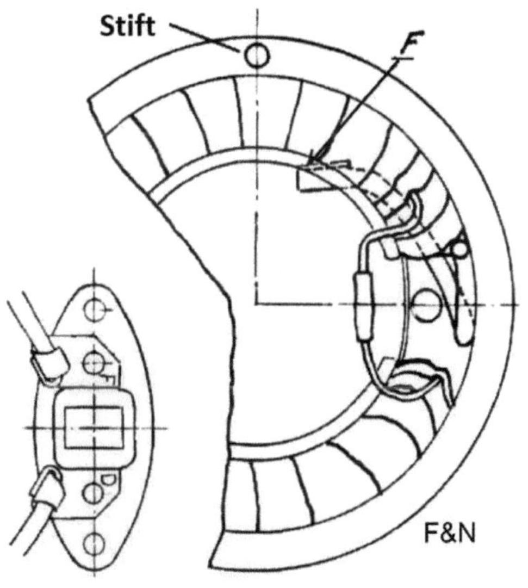

Die zwei unteren Kabelenden der mit Gewebeklebeband umwickelten Feldspulen sind miteinander verlötet und mit Klebeband isoliert. Die beiden oberen Kabelenden sind in gewebeummanteltem Kabel ausgeführt und ihren Enden mit jeweils einem mit "D" oder "F" gekennzeichneten Kabelschuh verlötet. Der Anschluss erfolgt von innen auf dem rechten Kohleträger.
Überprüfen Sie mit einer Batterie und einer Prüflampe oder besser mit einem Widerstandsmessgerät den einwandfreien Durchgang zwischen den Kabelschuhen "D" und "F". Der Messewert beträgt etwa 3,4 Ohm.
Prüfen Sie auch, ob zwischen einem der beiden Kabelschuhe und dem Magnetring eine leitende Verbindung besteht. Sollten Sie hier eine mangelhafte Isolierung feststellen, müssen die Spulen abgebaut werden. Reinigen Sie die Spulenpakete mittels Bremsenreiniger und lassen sie diese anschließend gut abtrocknen bevor Sie eine weitere Schicht Isolierband auf die Spulen wickeln.

2) Schließen Sie die Spulendrähte "D" und "F" jeweils an einem Batteriepol an und testen Sie das Magnetfeld, indem Sie beispielsweise einen Schraubendreher lose zwischen zwei Fingern, in den stehenden Magnetring absenken. Das Magnetfeld ist in Ordnung, wenn der Schraubendreher von beiden Spulenkernen angezogen wird.

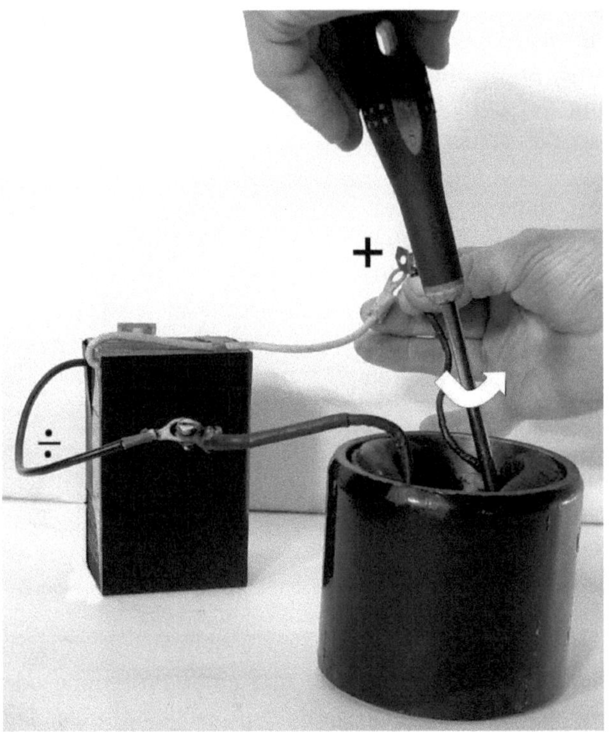

3) Überprüfung Sie den Lichtmaschinenanker, indem Sie jedes einzelne der Segmente (Kommutatorkontaktbleche) gegeneinander auf Durchgang prüfen. Dies lässt sich sowohl mit einer Batterie und einer Prüflampe als auch mit einem Widerstandsmessgerät testen. Ist eine der Verbindungen unterbrochen, muss der Anker durch einen Fachbetrieb neu gewickelt werden.

Bedenken Sie jedoch, dass mit diesen Messungen nicht jede Fehlfunktion erkannt werden kann. Eine abschließende Überprüfung kann nur ein Fachmann mit entsprechender Ausstattung durchführen, dieser kann auch gegebenenfalls den Anker neu wickeln.

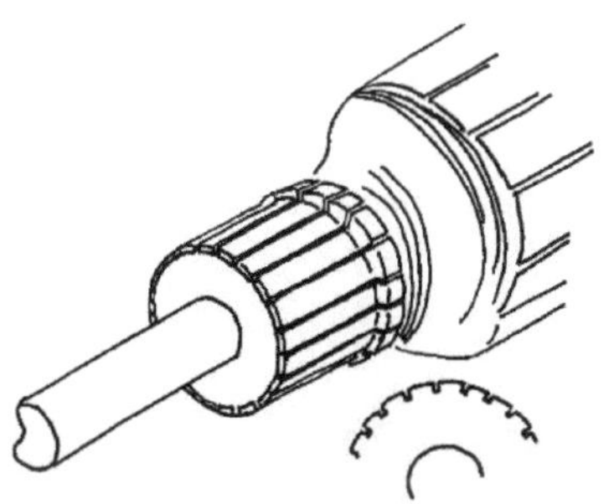

Laderegler

Der deutsche Begriff Laderegler und die englische Bezeichnung Regulator beschreibt die Aufgabe des Bauteiles, also die Ladespannung unter Zuhilfenahme der Spannungsdifferenz zwischen Batterie und Lichtmaschine zu regulieren. In Dänemark wird dieses Bauteil als Relais bezeichnet und gibt lediglich die Sammelbezeichnung für elektromagnetische Schalter wieder.

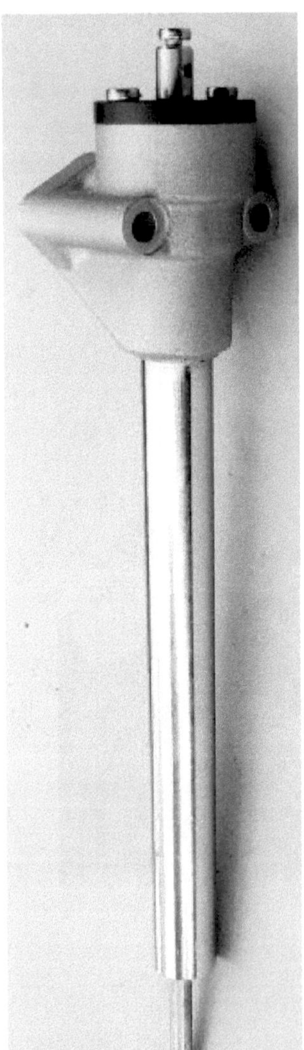

Die erste Steuerung der Batterieladung an der Nimbus-C 1934 wurde durch einen Öldruckschalter an der zuvor erwähnten Drei-Kohlen-Drehstrom-Lichtmaschine gewährleistet.

Anschließend verwendete Laderegler waren mit jeweils zwei Relais versehene Eigenkonstruktionen von Fisker & Nielsen oder später von der Firma Bosch zugelieferte Exemplare.

In den vergangenen Jahren wurden diverse elektronische Laderegler entwickelt. Wir werden diesen Reglertyp hier jedoch nicht näher erläutern, da er ohne fundierte Elektronikkenntnisse weder gewartet noch repariert werden kann.

Unter dem Deckel eines Originalreglers befinden sich zwei Relais, ein Spannungsregelrelais und ein Rückstromrelais. Ein Relais besteht aus einer Spule, die über einen Anker einen oder mehrere Schalter öffnet oder schließt.

Funktion:

Wenn der Zündschlüssel in Stellung Zündung gedreht wird, sollte die Ladekontrolllampe leuchten. Es fließt nun Strom in Höhe der vorhandenen Batteriespannung von der Batterie über den Schlüsselschalter durch die Ladekontrollleuchte und weiter zum Anschluss „D" der Lichtmaschine. Über die dort angeschlossene Schleifkohle fließt der Strom weiter über ein Blech am Kommutator durch die dort angelötete Feldwicklung zur gegenüberliegenden Ankerseite und von dort weiter über das Kontaktblech, die Schleifkohle und den Messingdraht gegen Masse.

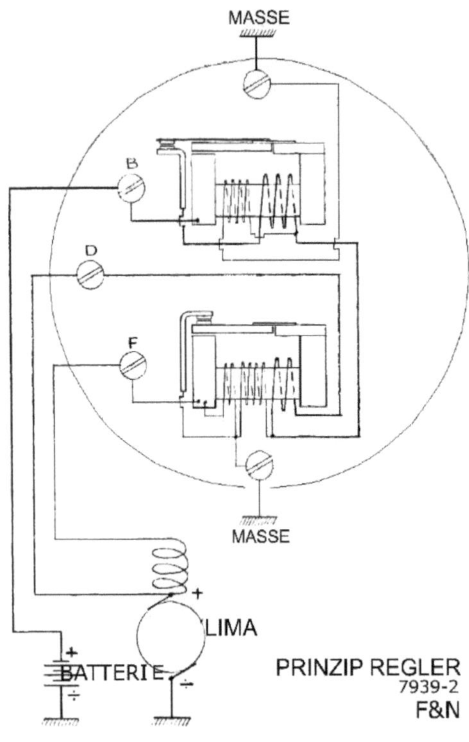

Wird der Anker der Lichtmaschine in dem von den Feldspulen gebildeten Magnetfeld in Rotation versetzt, entsteht eine Spannung in dessen Drahtwicklung (siehe Lichtmaschine). Bei einer Spannung von circa 7 Volt wird im Laderegler ein Relais angezogen, welches den Rückstromschalter schließt. Nun fließt Strom zurück zur Batterie und diese wird geladen. Sinkt die von dem Lima abgegebene Spannung unter 6,15 Volt, öffnet das Relais den Rückstromschalter, sodass die Batterie nicht entladen wird. Erreicht die Spannung den im Laderegler eingestellten Höchstwert (Ladespannung siehe Batterie), schaltet das Spannungsregulierungsrelais den Überstromschalter. Dieser leitet den Strom über einen eingebauten Widerstand ab, bis die Spannung wieder auf circa 7 Volt sinkt. Das Relais öffnet wieder und die Batterie wird weiter geladen. Der hier beschriebene Ablauf findet bei laufendem Motor mehrmals pro Sekunde statt. Solange die Kontakte sauber und trocken sind, arbeitet der Laderegler problemlos.

Instandhaltung:

Wird das Motorrad häufig wechselnder Luftfeuchtigkeit ausgesetzt, muss auch das Innenleben des Ladereglers gepflegt werden. Dabei ist auch zu prüfen, ob sich Beläge auf den Kontakten gebildet haben. Diese können mit feinstem, gefaltetem Schmirgelleinen gereinigt werden. Anschließend muss der Schleifstaub durch Ausblasen restlos entfernt werden.

Wenn Sie bei der Batterie ständig Wasser nachfüllen müssen und deshalb den Verdacht haben, dass der Ladestrom zu hoch ist, können Sie die Ladespannung einstellen lassen. Dies ist eher die Aufgabe eines Fachmannes, da ein entsprechender Messplatz benötigt wird.

Kapitel 4

Zündspule und Verteiler

Bei anderen Mehrzylindermotoren sind üblicherweise die Zündspule und die Verteilerkappe getrennt, bei der Nimbus-C sind sie zu einer Einheit zusammengefasst.

Die Nimbus - Zündspule besteht aus zwei Kupferdrahtspulen, die um einen Kern aus Weicheisen gewickelt sind. Das Spulenpaket ist in einem Bakelitgehäuse mit Deckel eingegossen. Auf der profilierten Unterseite sind vier Kontaktwinkel auf das Gehäuse genietet. Die nach außen weisenden Nietenköpfe sind als Buchsen ausgeformt, welche die Steckkontakte der Zündkabel aufnehmen.

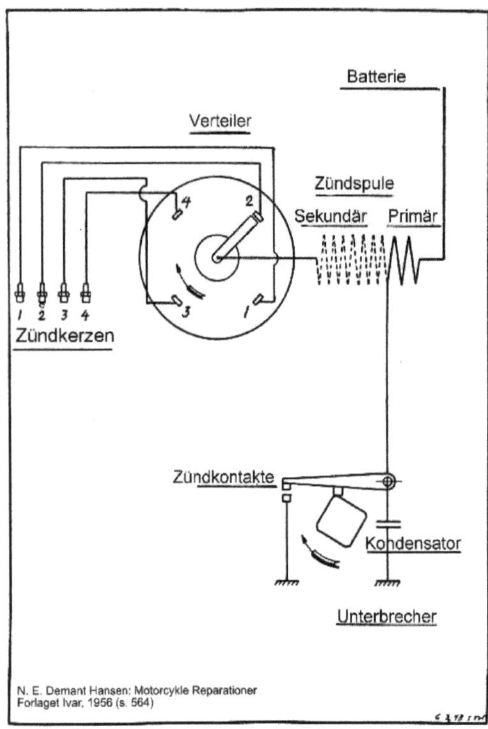

N. E. Demant Hansen: Motorcykle Reparationer Forlaget Ivar, 1956 (s. 564)

Beim Drehen des Zündschlüssels in Stellung „Zündung" wird über das unterhalb der Zündspule angeschlossene Kabel die Wicklung der Primärspule (Primärkreis) mit der anliegenden Batteriespannung versorgt.

Durch die Induktivität der Spule und die Unterstützung des dadurch magnetisierten Eisenkerns wird in der zweiten Spule (Sekundärkreis) eine Wechselstrom-Hochspannung von circa 10.000 Volt erzeugt. Die notwendige Masseverbindung der beiden Spulen erfolgt über den dicken Kontaktstift auf der Unterseite der Zündspule.

Über die mittig auf der Unterseite der Zündspule befindliche Buchse wird die erzeugte Hochspannung auf einen federbelasteten Kohlestift abgegeben. Dieser Kohlestift drückt auf den Verteilerfinger von dessen Ende die Hochspannung beim Vorbeidrehen auf den jeweiligen Kontaktwinkel überspringt.

Von den Winkeln und die in den gegenüberliegenden Buchsen steckenden Zündkabeln wird die Hochspannung weiter bis zu den Zündkerzensteckern und Zündkerzen geleitet (siehe Schaubild). Letztere setzen beim Übersprung der Hochspannung zwischen Zündkerzenmittelelektrode und Masseelektrode die Verbrennung im Zylinder in Gang.

Sowohl das Bakelit des Zündspulengehäuses als auch die für die Spulen verwendeten Kupferdrähte altern. Nach mittlerweile 60 bis 85 Jahren ist es wahrscheinlich, dass die Gehäuseteile ausgehärtet und dadurch spröde und rissig geworden sind. Hier kann nun Regenwasser und Schmutz eindringen. Darüber hinaus gibt es Hinweise darauf, dass die damals verwendeten dünnen Kupferdrähte für die Sekundärspulen ebenfalls nur eine begrenzte Lebensdauer haben und in Folge eine verminderte Leitfähigkeit aufweisen.

Eine beschädigte Zündspule funktioniert bis zu einer gewissen Erwärmung tadellos, produziert dann jedoch Zündaussetzer, bevor sie ihre Aufgabe komplett einstellt. Nachdem die Zündspule abgekühlt ist, kann der Motor wieder gestartet und das Motorrad gefahren werden. Allerdings nur solange, bis die Zündspule wieder warm ist.

Instandhaltung:
Sie können die Zündspule so sauber und trocken wie nur möglich halten, auch die Kontaktwinkel und Zündkabelbuchsen reinigen. Eine Reparatur der Zündspule ist jedoch nicht einfach.

Zum einen ist das Bakelitgehäuse anfällig gegen mechanische Einwirkung, denn schon allein beim unsachgemäßen Abnehmen des Deckels kann es Risse bekommen. Außerdem ist das Entfernen des alten Spulenpakets ein aufwendiger Vorgang. Dieses ist in Holzteer (Pech) vergossen und von Eisenschalen umhüllt. Das neue Paket muss zudem exakt wie das alte eingebaut werden.

Auch wenn alle Symptome auf eine defekte Zündspule hinweisen, sollten Sie dennoch vor einer Reparatur die anderen zündungsrelevanten Bauteile wie Verteilerschale, Unterbrecherkontakt, Verteilerfinger, Kondensator, Zündkabel, Zündkerzenstecker und Zündkerzen überprüfen.

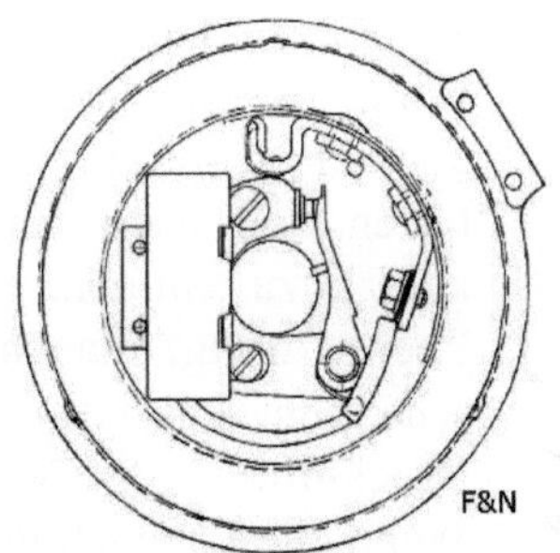

Kapitel 5
Die Verteilerschale

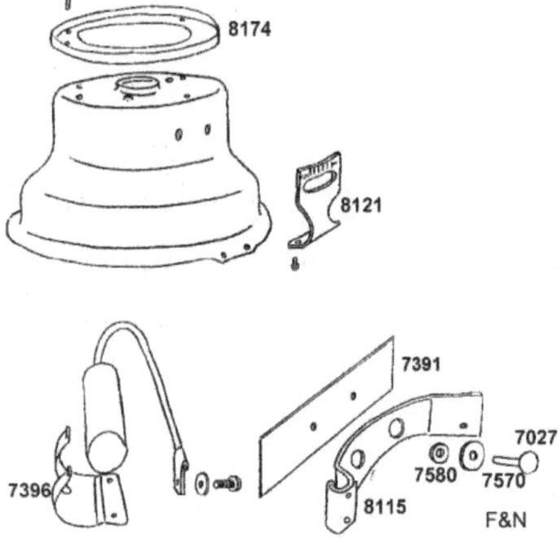

An die aus Stahlblech gepresste Verteilerschale sind Ölabweisring (8174), Einstellblech (8121) und Kondensatorhalter (7396) mittels Kupfervollnieten angenietet. Jedes dieser Teile wirkt sich unmittelbar auf das Zündungssystem aus und muss daher fest und sicher mit der Schale verbunden sein.
Der Kondensatorhalter muss durch seine Federspannung den Kondensator fest und sicher in die Verteilerschale klemmen.

Das Einstellblech und Befestigungsschraube (Rändelschraube) bilden die einzige sichere elektrische Verbindung zwischen Verteilerschale und Fahrzeugmasse.
Dagegen müssen der Trägerbügel (8115) mit Klemmfeder und die zwei Kupfernieten (7027) vollständig von der Verteilerschale isoliert sein. Diese elektrische Trennung wird durch die Isolierplatte (7391) und jeweils zwei Isolierbuchsen (7580) und -scheiben aus Phenolhartgewebe erreicht.

Instandhaltung:
Trotz des Ölabweisringes dringt ständig etwas Öl aus dem Nockenwellengehäuse in die Verteilerschale ein. Daher muss dieses gelegentlich gereinigt werden. Hierzu ist es sinnvoll, die Schale auszubauen und nach Entnahme von Kondensator und Unterbrecherkontakt zu reinigen.
Ebenso dringt manchmal Feuchtigkeit von außen in die Verteilerschale ein. Diese muss ebenfalls entfernt werden, beispielsweise mit Druckluft.
Wenn diese Feuchtigkeit die Isolierung zwischen Trägerblech und Verteilerschale beeinträchtigt, kann keine ausreichende Zündspannung aufgebaut werden.

Normalerweise können Sie eine Isolationsfehler an dieser Stelle mit einem normalen Ohmmeter *nicht* messen. Ursächlich ist, dass das mit einer 9 Volt-Blockbatterie betriebene Multimeter für die Messung lediglich eine Festspannung von etwa 1,5 Volt verwendet.

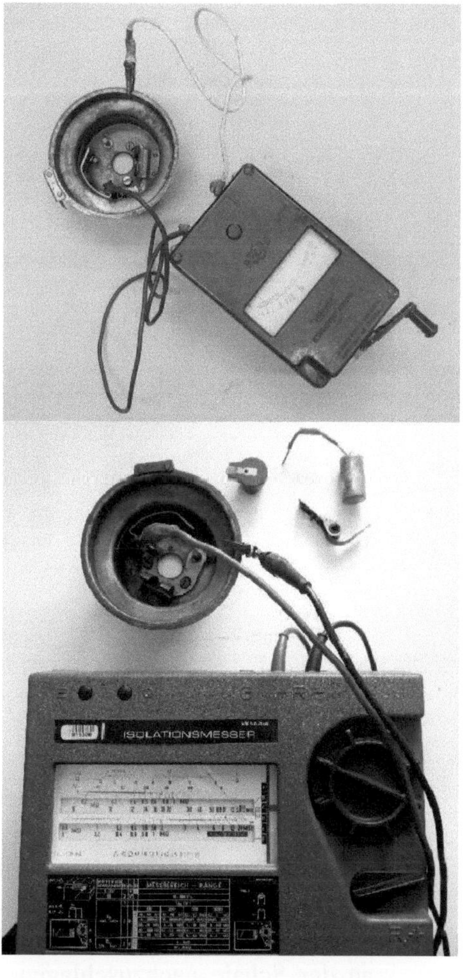

Wenn Sie sicherstellen möchten, dass die Isolierung zwischen Haltebügel und Verteilerschale in Ordnung ist (Messwert ∞ Ohm), kann dies nur mit einem Isolationstester festgestellte werden. Diese als „Megger" oder „Mega-Ohm-Messgerät" bekannten Prüfgeräte erzeugen eine Prüfspannung zwischen 500 – 10.000 Volt.

Bei älteren Isolationsmessgeräten wird die Spannung über Spulen und mit Handkurbel erzeugt, ähnlich einem Dynamo. Neuere Geräte nutzen für die Hochspannungserzeugung elektronische Bauteile. Da diese Messgeräte nicht günstig sind und zu selten verwendet werden, sollten Sie ihre Verteilerschale in einer elektromechanischen Werkstatt durchmessen lassen.

Sollte dort ein Isolationsfehler feststellt werden, müssen die Nieten der Trägerhalterung ausgebohrt und entfernt werden.

Erneuern Sie die Isolierplatte sowie die Isolationsbuchsen und -scheiben. Verwenden Sie möglichst 4mm-Schrauben in Verbindung mit selbstsichernden Muttern, um den Haltebügel wieder mit der Schale zu verbinden. Auch die Verwendung von Popnieten ist möglich, jedoch weniger empfehlenswert. Ebenfalls sollten in diesem Zusammenhang auch gleich andere lose Nietverbindungen an der Schale mit einem Kopfmacher nachgesetzt werden.

Der Unterbrecherkontakt

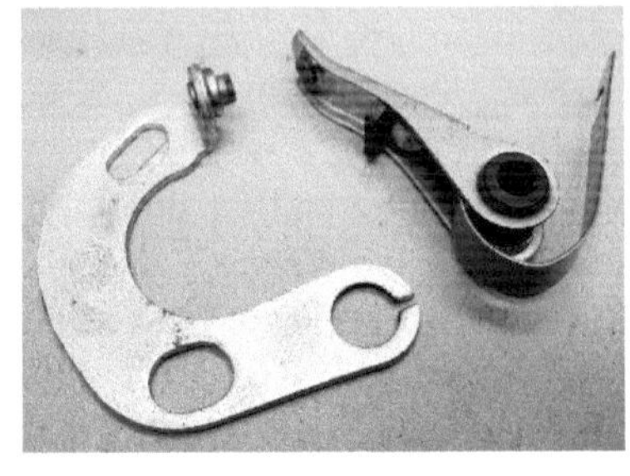

Der Unterbrecherkontakt besteht aus zwei Bauteilen, der in der Verteilerschale aufgeschraubten Grundplatte mit Amboss (Festkontakt) und dem Verteilerhebel (Hammer). Letzterer ist auf die mit der Verteilerschale vernietete Achse gesteckt. Der Hammer wird durch ein angenietetes Hartpapierplättchen angehoben. Dieses wiederum schleift auf dem Nockenwellenvierkant. Für den notwendigen Anlegedruck sowie die elektrische Verbindung zur Trägerhalterung sorgt ein Federblechstreifen.

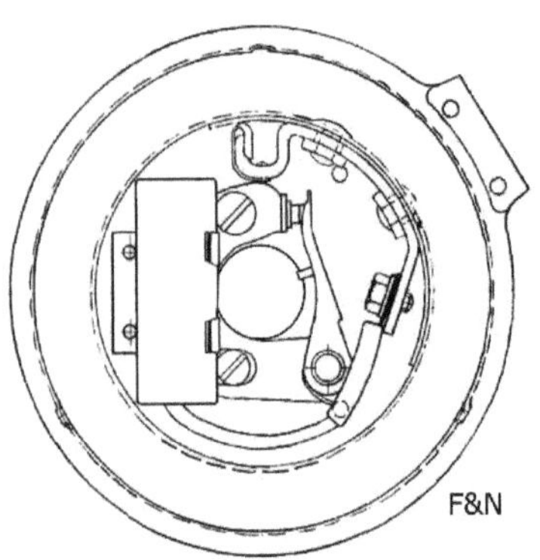

Der dänische Begriff für den Unterbrecherkontakt ist „Platinerne“. Dieser Begriff ist eventuell abgeleitet vom verwendeten Kontaktmaterial Platin.

In späteren Jahren wurden die Kontaktflächen des Unterbrechers für den Kraftfahrzeugbereich aus dem für diese Aufgabe wesentlich stabileren Metall Wolfram hergestellt.

Das Einstellen des Unterbrecherkontaktabstandes erfolgt bei eingesetzter Verteilerschale im Nockenwellengehäuse. Die Befestigungsschraube (Rändelschraube) am Einstellblech darf jedoch noch nicht eingeschraubt sein.
Sollte die Schale im Nockenwellengehäuse kippeln, sind die Nasen an der Schale nachzuschlagen, bis die Schale leicht schleifend im Gehäuse sitzt.
Drehen Sie die Verteilerschale, bis die Hartpapierplatte des Unterbrecherhammers auf einer der höchsten Stellen des Nockenwellenvierkants aufliegt.

Mit einem Schlitzschraubendreher lösen Sie nun die obere der beiden Schrauben auf der Grundplatte um circa eine Umdrehung. Verstellen Sie anschließend die Grundplatte durch vorsichtiges Drehen der Exzenterschraube unten, um den Kontaktabstand von 0,7 mm mit Hilfe einer Fühlerlehre einzustellen. Drehen Sie den Motor mit dem Kickstarter und prüfen Sie auch die Abstände an den anderen Öffnungspositionen. Das Hartpapierplättchen muss in den flachen Bereichen des Nockenwellenvierkants nicht aufliegen.

Wenn Sie feststellen, dass sich die *Befestigungsschraube* (oben) nicht ausreichend anziehen lässt, kann das Gewinde der Messingschraube verschlissen sein. Ersetzen Sie diese durch eine gleichlange Schraube. Sollte das Gewinde in der Schale defekt sein, schleifen Sie den nach hinten überstehenden Blechring ab und löten Sie dort eine auf circa 2,5 Millimeter Höhe gefeilte M4-Messingmutter auf. Das Ende der verwendeten Schraube darf an der Mutter nicht überstehen. Längere Schrauben führen dazu, dass die Fliehkraftverstellung am Schraubenende anschlägt und der Zündzeitpunkt im Fahrbetrieb nicht ausreichend auf Frühzündung verstellt wird. Kürzen Sie die Schraube oder legen Sie notfalls eine einzelne Unterlegscheibe unter.

In den letzten Jahren wurden elektronische Systeme für eine kontaktlose Zündung entwickelt. Sie zeichnen sich dadurch aus, dass sie in die Verteilerschale eingebaut werden können und von außen nicht sichtbar sind. Langzeittestergebnisse der Systeme liegen Stand Ende 2020 noch nicht vor.

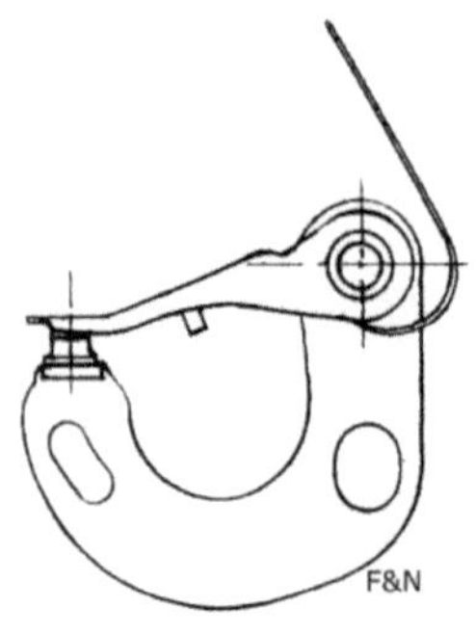

Instandhaltung:

Der Unterbrecherkontakt ist ein Verschleißteil. Die begrenzte Lebensdauer kann jedoch mit ein wenig Sorgfalt verlängert werden.

Vor dem erstmaligen Einbau eines neuen Satzes entfernen Sie den zwischen den beiden Kontaktflächen aufgetragenen Schutzlack mit feinstem Schleifpapier. Sehr gut geeignet ist auch eine Diamantnagelfeile.

Auf die Verwendung handelsüblicher Kontaktfeilen sollte man jedoch bei der Reinigung der Kontakte verzichten, da diese sehr grob sind und viel Material abnehmen. Angelötete Kontaktflächen könnten sogar abgerissen werden. Heruntergeschliffene Kontakte sind ein Grund, den Unterbrecherkontakt rechtzeitig zu wechseln, da die Kontaktflächen andernfalls ebenfalls abfallen können.

An dieser Stelle muss eine weitere Schwachstelle der Zündanlage angesprochen werden. Bei jeder Motorumdrehung zündet eine Zündkerze. Dementsprechend öffnet und schließt der Unterbrecherkontakt hierfür einmal. Gleichzeit wird jeweils ein Funke zwischen den Kontaktplatten gezogen, wobei eine kleine Menge Kontaktmaterial von der Hammerseite zur Grundplattenseite übertragen wird. Bei einer Motordrehzahl von 4.500 Umdrehungen sind das 9.000 Funken pro Minute am Unterbrecherkontakt. Dies wiederum führt dazu, dass die Kontaktflächen unsauber werden und sich der Kontaktabstand verändert. Selbstverständlich müssen diese Verunreinigungen der Kontaktflächen bei der Wartung mittels Feile oder Schleifleinen beseitigt werden. Sollte die Materialübertragung unverhältnismäßig hoch sein und ein schlechtes Zündverhalten beobachtet werden, ist die Ursache beim Kondensator zu suchen. Fehler können hier ein defekter oder unterdimensionierter Kondensator oder eine schlechte Masse- oder Kabelverbindung sein.

Der Kondensator

Der Kondensator ist ein sehr schnell reagierender Stromspeicher. Seine Aufgabe ist es Spannungsspitzen aufzunehmen, die beim Öffnen und Schließen des Unterbrecherkontaktes entstehen. Ohne Kondensator würden hier große Überschlagfunken zum schnellen Verschleiß der Kontaktflächen führen.

Beim Öffnen des Unterbrecherkontaktes wird die Spannung aufgenommen und beim geschlossenen Kontakt wieder abgegeben. Diese zusätzliche Spannung erhöht gleichzeitig die Zündleistung.
Die Kapazität eines Kondensators wird in Farad (F) gemessen. Der in unserem Zündsystem verbaute Kondensator sollte eine Kapazität zwischen 0,26 und 0,34 µF (Mikrofarad) speichern. Der Zustand des Kondensators lässt sich ausgebaut ermitteln. Kontrollieren Sie den Kondensator auf Beschädigungen auch im Kabelbereich. Entladen Sie ihn, indem Sie zwischen Gehäuse und Gabelschuh eine Glühlampe halten. Stellen Sie ihr Multimeter auf Widerstandsmessung. Klemmen Sie nun einen Pol des Messgerätes mittels Krokodilklemme an den Kabelschuh und halten Sie die Prüfspitze des zweiten Messgeräteanschlusses an das Kondensatorgehäuse. Beobachten Sie dabei gleichzeitig die Anzeige. Tauschen Sie die Messanschlüsse und messen Sie erneut. Es muss jeweils ein ansteigender oder fallender Wert angezeigt werden. Zeigt die Anzeige einen einheitlichen oder keinen Wert, ist der Kondensator defekt. Entladen Sie den Kondensator vor dem Einbau erneut.

Instandhaltung:
Ein defekter Kondensator kann nicht repariert werden. Überprüfen Sie bei der normalen Wartung immer, ob das Federblech den Kondensator fest und unverrückbar in der Verteilerschale hält. Dies sichert eine gute Masseverbindung. Gegebenenfalls muss der Halter nachgebogen werden.

Anstelle der üblichen Folienkondensatoren wurden für den Einsatz in der Nimbus-C in den letzten Jahren Versuche mit im Kondensatorblechgehäuse integrierten Keramikkondensatoren durchgeführt. Die Langzeittests dieser Kondensatorvariante lieferten bisher sehr positive Ergebnisse.

Die Zündkabel

Zündkabel müssen Spannungen von mehreren Tausend Volt leiten. Daher müssen sie sowohl unbeschädigt als auch sauber sein.

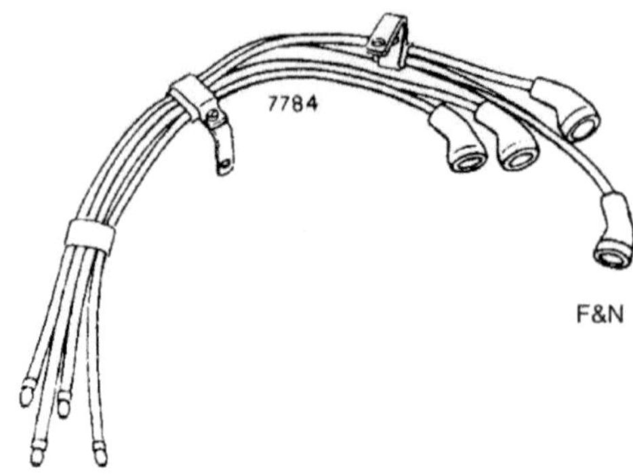

Instandhaltung:

Der eigentliche Drahtteil eines Zündkabels besteht aus einem gedrehten Bündel Kupferdrähten, die alle Kontakt mit der Buchse im Zündkerzenstecker und dem Steckanschluss auf der Zündspulenseite haben müssen. Ein Zündkabel, bei dem nur ein oder wenige Kupferdrähte Kontakt mit den Endanschlüssen haben, belastet die Zündspule unnötig. Gleiches gilt für durch Motorwärme spröde gewordene Kabel, die korrodierte Drähte wegen Feuchtigkeit zur Folge haben.

Entfernen Sie die Zündkabel aus der Zündspule und reinigen Sie die Steckanschlüsse. Benutzen Sie zum Einstecken eine Spitzzange, um die Kabel bis zum Anschlag in die Zündspule einzuführen. Stellen Sie anschließend durch leichtes Ziehen den festen Sitz sicher.

Silikonkabel sind für die Nimbus-C eher ungeeignet, da sich ihre weiche Isolierung staucht und deshalb die Steckerenden schlecht bis zum Anschlag in das Zündspulengehäuse eingeführt werden können.

Zündkerzenstecker

Zündkerzenstecker gibt es in vielen verschiedenen Ausführungen. Bis heute müssen durch einen eingebauten Widerstand im Zündkerzenstecker, Störungen im Funkbereich gedämpft werden. Diese Widerstände machen den Zündkerzenstecker jedoch unter anderem anfällig für Feuchtigkeit. Da dies heute kaum mehr durch die Herren in den grauen Kitteln überprüft wird, sollte der Nimbus-Fahrer wieder auf die originalen Zündkerzenstecker zurückbauen. Mit ihnen besteht eine direkte Verbindung zwischen Zündkabel und Zündkerze.
Zur Beruhigung: Störungen im Funkbetrieb treten durch die überwiegende Nutzung der digitalen Übertragungstechniken heutzutage kaum mehr auf.

In den originalen Zündkerzenstecker können zwei verschiedene Klemmbuchsen verbaut sein. Diejenige mit einer kleinen Querfeder ist die bessere Ausführung. Die originalen Zündkerzenstecker sind etwas feuchtigkeitsempfindlich und neigen daher im gesamten Buchsenbereich zu Korrosion.

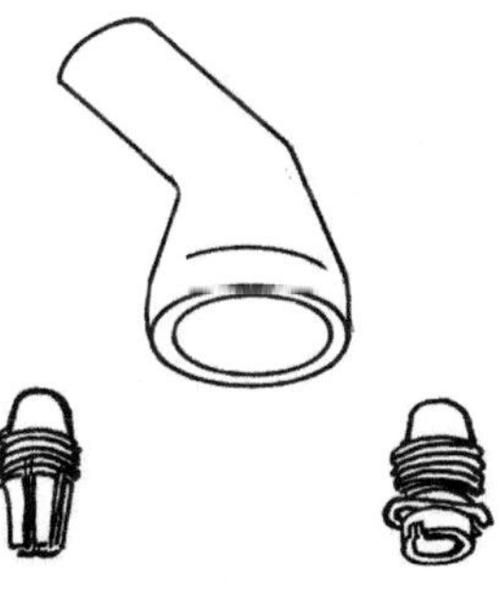

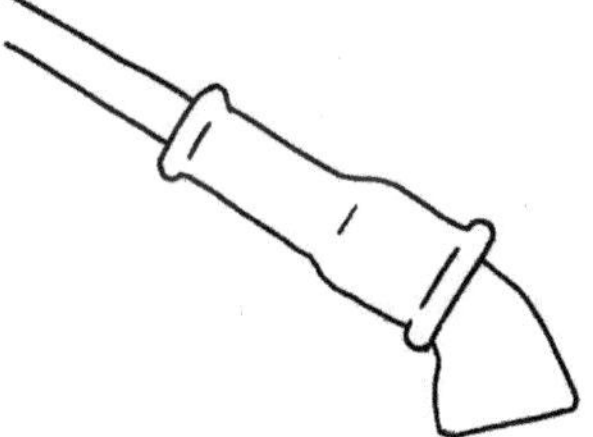

Hier kann mit der Verwendung der ab 1956 verbauten Gummikappen (10945) bei allen Nimbus-Modellen entgegengewirkt werden. Fragen Sie bei ihrem Nimbus-Händler nach diesen Kappen.

Instandhaltung:
Wie oben erwähnt, kann Feuchtigkeit zu Oxidation (Anlaufen) der Drahtenden und Oxidation sowie Korrosion der Messingbuchsen führen. Daher sollten bei der allgemeinen Wartung die Zündkerzenbuchsen und die darin steckenden Kabelende wieder metallisch blank gereinigt werden. Etwas Kontaktfett (auch Polfett) auf den Drahtenden und den Buchsen beugt hier der Oxidation vor. Ziehen Sie nach dem Aufsetzen der Stecker auf die Zündkerzen leicht an den Kabeln, um festzustellen, ob alle Verbindungen halten.

Zündkerze

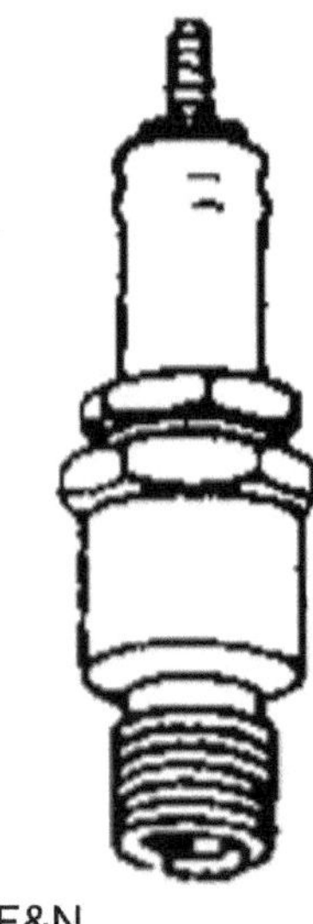
F&N

Vier identische, korrekte und gut gewartete Zündkerzen sind für einen störungsfreien Motorlauf unerlässlich.

Es gibt Zündkerzen verschiedener Marken, die für die Nimbus-C geeignet sind. Die wichtigsten Bedingungen sind die Abmessungen. Der Zylinderkopf ist mit einem 14 mm Feingewinde (M 14 x 1,25 mm) versehen. Die Gewindelänge sollte ½ Zoll (etwa 12,7 mm Kurzgewinde) betragen.

Ein weiterer wichtiger Faktor ist der richtige Wärmewert. Ob für ihre Fahrgewohnheiten eine "heiße" oder "kalte" Zündkerze zu empfehlen ist, müssen Sie selbst herausfinden. Auch eine vorgezogene Funkenlage (herausstehende Elektrode) ist sinnvoll. Stand heute, ist beispielsweise die NGK BP6HS eine gute Wahl.

Instandhaltung:

Achten Sie beim Ein- und Ausbau der Zündkerzen darauf, den Isolator nicht zu beschädigen. Haarrisse verursachen Zündaussetzer. Führen Sie eine Sichtprüfung an der gesamten Zündkerze durch. Reinigen Sie die Kerze mit einer Kupferdrahtbürste und entfernen Sie die Schmutzteile mit Druckluft. Justieren Sie den Elektrodenabstand mittels Fühlerlehre und weichem Klopfen auf die Masseelektrode wieder auf 0,7 mm. Prüfen Sie die Zündkerze vor dem Einschrauben erneut. Es schadet nicht, etwas Kupfer- oder Porzellanpaste vor dem Einschrauben ausschließlich auf das Gewinde zu geben. Zündkerzen mit angebrochenem Porzellankörpern gehört in den Müll.

Eine herstellerübergreifend einheitliche Kennzeichnung gibt es bei Zündkerzen nicht. Informieren sich sich daher vor dem Kauf, beispielsweise im Internet, über die bei der Nimbus verwendbaren Zündkerzen.

Überprüfen Sie vor dem Einbau auch bei neuen Kerzen den Kontaktabstand.

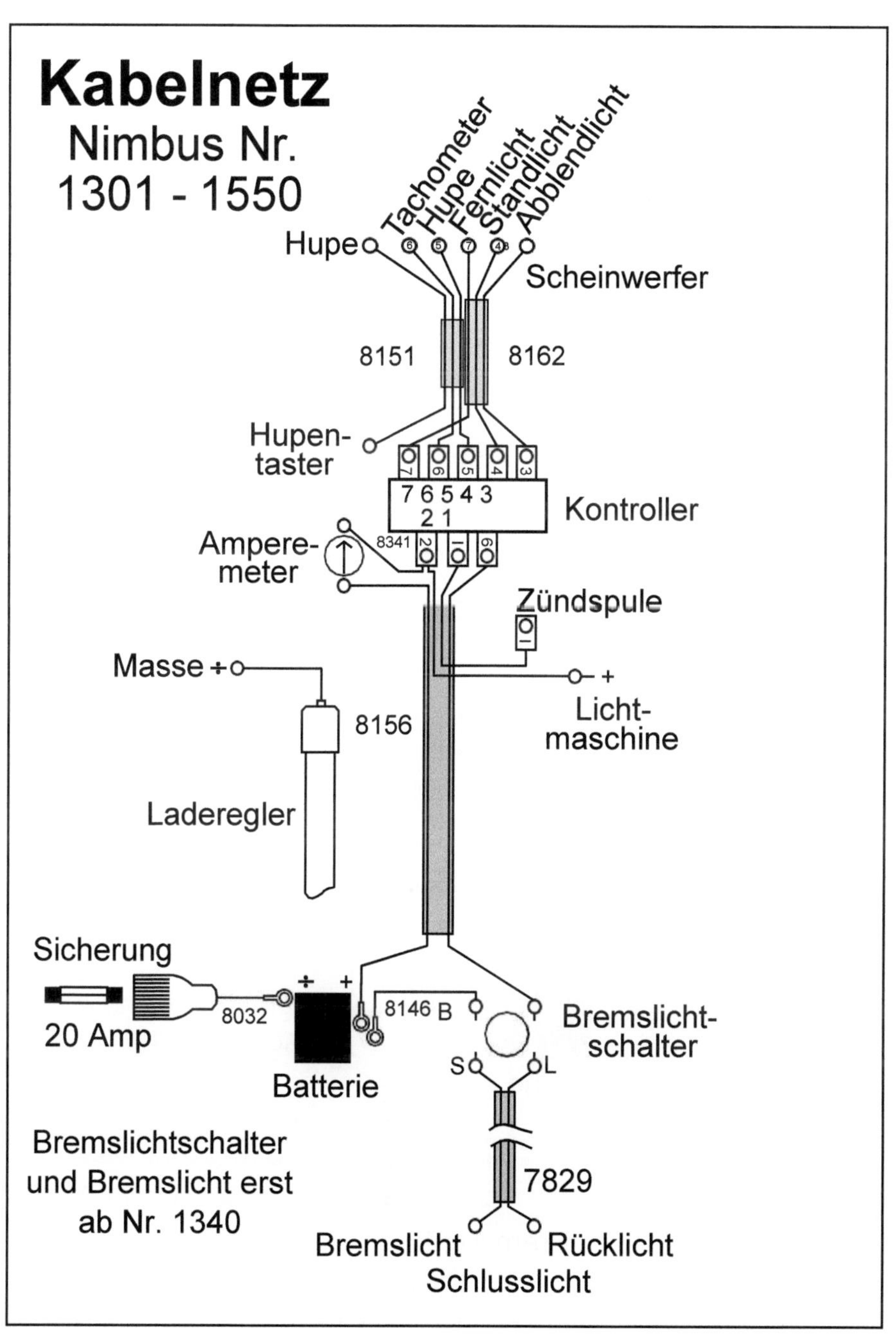
Kabelnetz
Nimbus Nr.
1301 - 1550
Tachometer
Hupe
Fernlicht
Standlicht
Abblendlicht
Hupe
Scheinwerfer
8151
8162
Hupen-
taster
7 6 5 4 3
2 1
Kontroller
Ampere-
meter
8341
Zündspule
Masse +
+
Licht-
maschine
8156
Laderegler
Sicherung
20 Amp
8032
Batterie
8146 B
Bremslicht-
schalter
S
L
7829
Bremslichtschalter
und Bremslicht erst
ab Nr. 1340
Bremslicht
Rücklicht
Schlusslicht

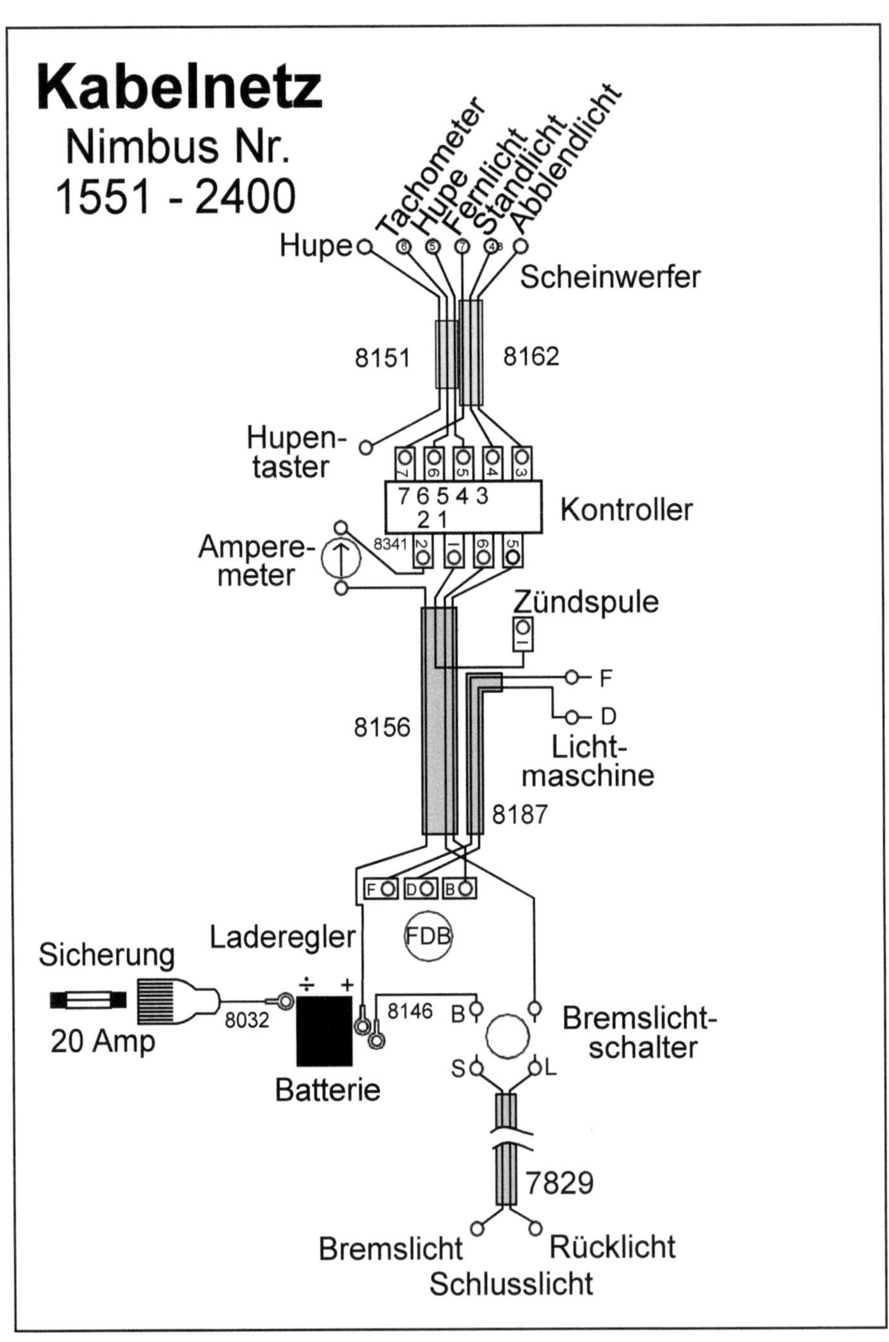
Kabelnetz
Nimbus Nr.
1551 - 2400
Tachometer
Hupe
Fernlicht
Standlicht
Abblendlicht
Hupe
Scheinwerfer
8151
8162
Hupen-
taster
7 6 5 4 3
2 1
Kontroller
Ampere-
meter
8341
Zündspule
F
D
8156
Licht-
maschine
8187
Laderegler
FDB
Sicherung
20 Amp
8032
Batterie
8146
B
S
L
Bremslicht-
schalter
7829
Bremslicht
Rücklicht
Schlusslicht

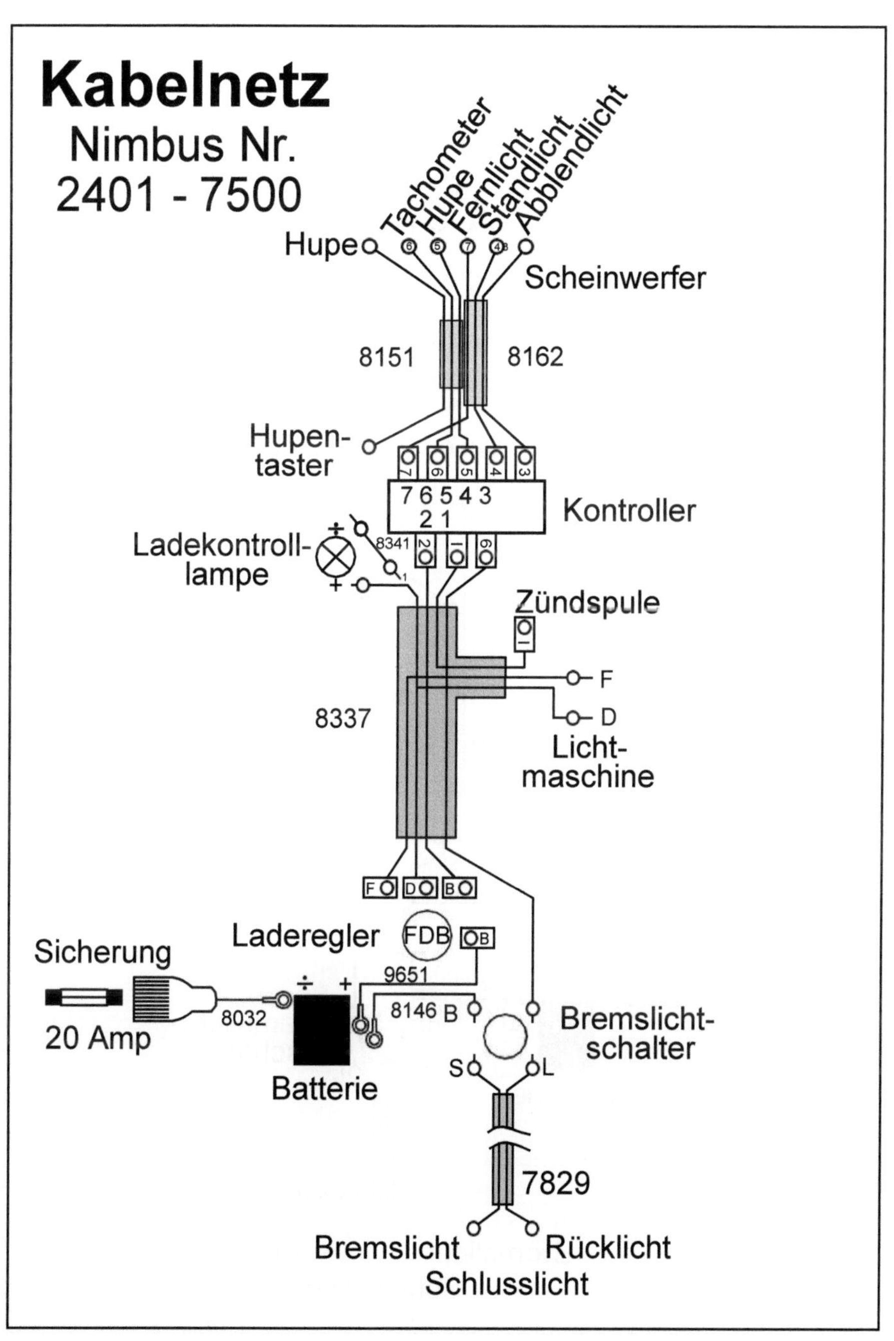
Kabelnetz
Nimbus Nr.
2401 - 7500
Tachometer
Hupe
Fernlicht
Standlicht
Abblendlicht
Hupe
Scheinwerfer
8151
8162
Hupen-
taster
7 6 5 4 3
2 1
Kontroller
Ladekontroll-
lampe
8341
Zündspule
F
D
8337
Licht-
maschine
F
D
B
Laderegler
FDB
OB
Sicherung
9651
8032
8146 B
Bremslicht-
schalter
20 Amp
Batterie
S
L
7829
Bremslicht
Rücklicht
Schlusslicht

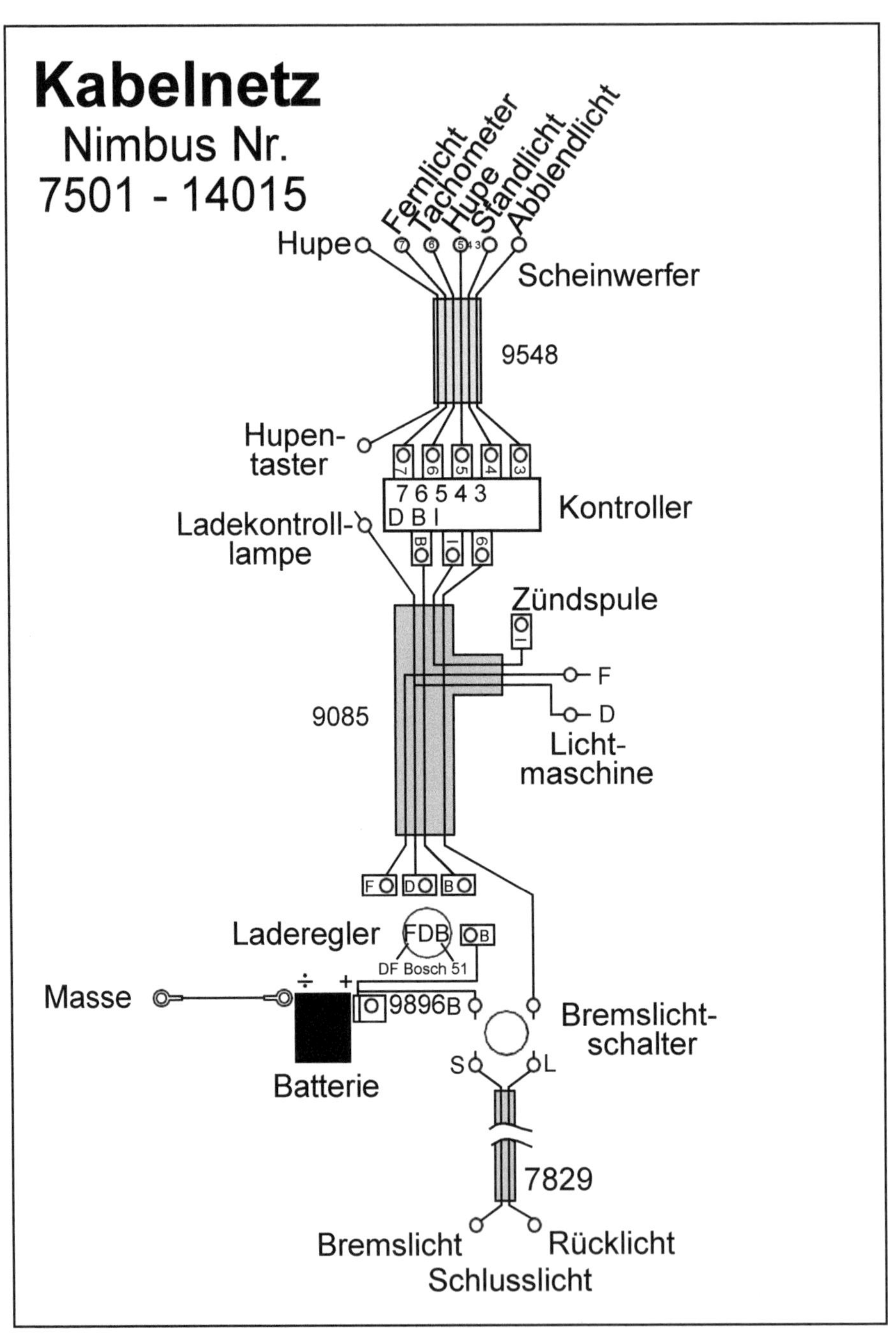
Kabelnetz
Nimbus Nr.
7501 - 14015
Fernlicht
Tachometer
Hupe
Standlicht
Abblendlicht
Hupe
Scheinwerfer
9548
Hupen-
taster
7 6 5 4 3
D B I
Kontroller
Ladekontroll-
lampe
Zündspule
F
D
9085
Licht-
maschine
Laderegler
DF Bosch 51
Masse
9896B
Bremslicht-
schalter
Batterie
7829
Bremslicht
Rücklicht
Schlusslicht